# 常见野花

*chang jian ye hua*

大自然珍藏系列
FAVORITES OF
NATURE

图书在版编目（CIP）数据

常见野花(第二版)/汪劲武编著.
—北京：中国林业出版社，
2009.7（2017.3重印）
（大自然珍藏系列）
ISBN 978-7-5038-5657-0
Ⅰ.常…Ⅱ.汪…Ⅲ.野生植物：
花卉-中国-图鉴
Ⅳ.旅游-观赏　Ⅴ.Q949.4-64

中国版本图书馆CIP数据核字
（2009）第119950号

出版：中国林业出版社
地址：北京市西城区刘海胡同7号
邮编：100009

电话：83143612
发行：新华书店北京发行所
印刷：北京雅昌艺术印刷有限公司
版次：2009年7月第2版
印次：2017年3月第5次
开本：105mm×148mm　1/64
印张：8.5
字数：150千字　图片：850幅
印数：16001～20000册
定价：58.00元

**作者名单**

文　字
汪劲武

摄　影

汪劲武　徐　平
徐克学　刘全儒
王　辰　周　繇
刘靖维　王红利
马欣堂　黄华强
刘江华　李　建
王　欣　张楠溪
刘华杰　张志翔
林秦文

本书部分图片
由中国科学院植物研究所
中国植物图像库提供，
谨此致谢

拉丁名：*Gerbera anadria*
英名：Gerbera

# 大丁草

春天如果传粉不好，会极少结实；但秋天的花为两性闭锁管状花，可自花传粉，便可多结果实繁衍后代。

秋型的
闭锁花

用途：全草入药，有祛风湿、止咳的作用。

紫草科斑种草属一年生草本。花期4~6月。

分布于我国辽宁、河北、山西、河南、山东等地。北京极为常见。

斑种草为习见杂草之一，早春出土开花，荒地、草地、田边、路边、公园内都多。斑种草的花虽小，但细看却是那样精致、美丽。

**形态特征:** 全株有硬毛，高不过40cm，基部分枝。叶互生，长圆形或倒披针形，叶缘皱波状，两面有短粗毛。螺状聚伞花序；苞片似叶略小，卵形或稍狭，边缘皱波状；花萼5裂；花冠淡蓝色，喉部小，有5个色淡的鳞片状附属物；雄蕊5，内藏；子房4裂。4小坚果。

拉丁名：*Bothriospermum chinense*

英名：China Spotseed

# 斑种草

紫草科

拉丁名：Boraginaceae

英名：Borage Family

　　紫草科我国有49属200多种。

本科主要特征为：草本为主，少有灌木或乔木。单叶互生，少对生或轮生；无托叶。花小，辐射对称，螺状聚伞花序；花萼5裂，宿存；花冠管状或漏斗状，喉部常有鳞片状附属物；雄蕊5，生花冠管上；子房上位，由2心皮组成，常4深裂，花柱生于子房基部，或顶生。果为4小坚果，少核果。

　　本科有著名药用植物紫草，早春野花斑种草、附地菜等。

用途：全草入药，有解毒消肿、利湿止痒功能。外用治湿疹、痔疮。

野外识别要点：叶皱波状，有硬粗毛。花小，淡蓝紫色，喉部有5个色淡的鳞片状附属物。

　　砂引草并非随处可见，而且它的花小，不明显。但如有合适的环境，也能形成一种景观。由于根状茎发达，固沙能力强，宜引种在沙地作固沙植物。

形态特征：根状茎细长；茎较矮，密生长柔毛，基部多分枝。单叶互生，叶片披针形至长圆状披针形，两面有伏生长柔毛。伞房状聚伞花序顶生，花密生；花萼5深裂，被白柔毛；花冠白色，呈漏斗状，5裂，裂片卵圆形，外有柔毛，花冠喉部无鳞片状附属物；雄蕊5，内藏；子房不裂(紫草科植物花的子房4深裂，砂引草为例外)，4室，每室1胚珠。果实长圆状球形，密生短毛。

拉丁名：*Messerschmidia sibirica*
英名：Siberian Messerschmidia

# 砂引草

紫草科砂引草属多年生草本。花期5～6月。

分布于我国东北、华北及陕西、甘肃、山东等地。见于平原砂质地或盐碱地。

**野外识别要点**：因有根状茎的缘故，其生长往往一片；茎叶密生长柔毛；花冠白色。

紫草科附地菜属一年生草本。花期5～6月。

分布于我国东北、华北至福建、江西等地。北京平原、山区均有，习生于荒地、田边、路边。

附地菜是春天开花的常见杂草之一。花极小因而不引人注意。

在较高海拔的亚高山区有一种钝萼附地菜，花较附地菜略大，精巧、美丽。

**形态特征**：茎从基部分枝，有贴伏毛。基生叶倒卵状椭圆形或匙形，较小，端钝圆，基部渐狭，下延成柄；茎上部叶椭圆状披针形。花序细长达16cm；花萼裂片5，端尖锐，有短毛；花冠细，蓝色，裂片钝圆，喉部黄色，有8个鳞片状附属物；雄蕊5，内藏；子房4裂。4小坚果，坚果呈四面体形，有锐棱。

拉丁名：*Trigonotis peduncularis*
英名：Pedunculate Trigonotis

# 附地菜

用途：全草入药，有温中健胃、消肿止痛、止血的作用。可治胃痛、吐血、跌打损伤等。

钝萼附地菜

钝萼附地菜

唇形科夏至草属多年生草本。花期4～5月。

分布于我国东北、华北、华中至西南和西北等地。北京平原极多见，为杂草之一，生草地、路旁、田边。

夏至草为唇形科春天开花较早的植物之一。它春天比较早即出苗，随后不久便开花，到夏至前后枯萎，所以得名。

形态特征：植株较矮，茎上密生微柔毛。叶对生：掌状3浅裂至3深裂，裂片有圆齿；两面密生微柔毛。轮伞花序；花萼管状，有5脉，5齿，齿端有刺尖；花冠白色，外面有长柔毛，二唇形，上唇全缘，下唇3裂；雄蕊4，不外伸。小坚果4，卵状三棱形。

拉丁名：*Lagopsis supina*
英名：lagopsis

# 夏至草

**用途**：全草入药，有养血调经、治贫血性头晕、月经不调之功效。

蔷薇科桃属。花期3～4月。果期7月。

本种多野生，分布于东北及河北、山东、河南，西南地区也有。北京山区野生，公园也有栽培。

山桃与桃是不同的种。区别为：山桃的叶为卵状披针形，即叶片中部以下最宽；花的萼片外面无毛；果汁少而干，不堪食。

**形态特征：** 落叶乔木。树皮有光泽。叶片卵圆披针形，先端长渐尖，边缘有尖锯齿；两面无毛；叶柄无毛。花单生，先叶开花，花几无梗；萼筒钟形，无毛，萼片卵圆形；花白色或淡红色；雄蕊多数；子房有毛。核果球形，有沟。

拉丁名：*Amygdalus davidiana*

英文名：David Peach

# 山桃

用途：春季观花。为嫁接桃的砧木。

蔷薇科杏属。花期3～4月。果期6～7月。

分布于东北、华北及甘肃。生向阳山坡上，海拔700～2000m。北京山区多见。

北京的早春，四五月间外出郊游，适逢山花烂漫。其中，山杏和山桃是最常见的两种小乔木。山杏和山桃开花的次序因每年早春的温度高低而变化。天暖时，山桃先开。

形态特征：落叶灌木或小乔木。高2～5m，小枝无毛。叶卵形或近圆形，边有细钝锯齿，两面无毛；叶柄长达3.5cm。花单生，径达2cm；萼片长圆椭圆形，花后反折；花白色或粉红色；雄蕊与花瓣几等长；子房有短柔毛。果扁球形，径1.5～2.5cm；黄色或橘黄色，有时有红晕；有短柔毛；果肉干而薄，熟时开裂，味涩酸，不可食。核扁球形，易与果肉分离。种仁味苦。

**60**

拉丁名：*Armeniaca sibirica*
英文名：Siberia Apricot

# 山杏

山桃与山杏的区别：山杏树干为灰黑色，粗糙；山桃树干，为紫红色，光亮。此外，山桃花萼筒较短，萼片开花后不反折；山杏花萼筒较长，萼片花后反折。

**用途**：本种为选育耐寒杏品种的原始材料。种仁入药。

蔷薇科梨属。花期4月。果期8～9月。

分布于辽宁、河北、山东、河南、山西、陕西、甘肃、安徽、江苏、江西也有，北京山区多见。生向阳山坡。见于上方山、金山、西山、十三陵、八达岭等低山地区。

梨有秋子梨、白梨、杜梨、褐梨之分。杜梨和褐梨不好吃，可作为嫁接梨的砧木。此外，进口水果的西洋梨是原产欧洲的另一种梨。

**形态特征：** 落叶乔木。枝常有刺。叶菱状卵形至长圆形，先端渐尖，基部宽楔形，边缘的锯齿无刺芒；上面无毛，下面有微毛；叶柄有白绒毛。伞形总状花序，总梗及花梗均有白绒毛，萼筒外有白绒毛；萼裂片三角形，内外有白绒毛；花瓣5，白色；雄蕊多数；花柱2～3个。果近球形，小，径约1cm，褐色，有斑点，萼片脱落。

拉丁名：*Pyrus betulaefolia*
英文名：Birchleaf Pear

# 杜梨

用途：果实小，味差，无法食用，常作梨的砧木。也可作观赏花、果的树木引种。

梨属与苹果属花的区别：梨属的花花柱离生，而苹果属的花花柱基部合生。

蔷薇科苹果属。花期4～5月。果期8～9月。
分布于东北、华北、西北，北京山区多见。

山荆子虽然是苹果属的，但它的萼片脱
落，和苹果不同；它和苹果相同之处是花柱基
部合生。山荆子果实近圆球形，小，不堪食，
可作苹果的砧木。

**形态特征**：落叶乔木。枝细无毛，红褐色。叶椭圆形或卵形，边缘有细锯齿，
两面无毛；叶柄细长，无毛。伞形花序有花数朵，无总花梗，花集生小枝之
顶，花梗细长，无毛；花两性；萼筒外无毛，萼片披针形，外面无毛，内面密
生绒毛，萼片长于萼筒；花瓣白色；雄蕊多数；花柱5，基部有长毛。果小圆球
形，红色或黄色，果期萼片脱落。

拉丁名：*Malus baccata*
英文名：Siberia Crabapple

# 山荆子

用途：果实小，味差，无法食用，常做做嫁接苹果的砧木。

蔷薇科樱属。花期4月。果期5~6月。

分布于东北及河北、山东、河南、江苏、四川、陕西、甘肃、云南等地。北京山区多见，生山地，海拔可达千米。

毛樱桃是一种很好吃的野果。现在许多地方用它当观花、观果的园林植物。它还可以作为嫁接樱桃、李子、桃等果树的砧木。

形态特征：落叶灌木。嫩枝密生细绒毛。叶倒卵形、椭圆形，先端急尖或渐尖，边缘有不整齐锯齿；上面有皱纹，有短绒毛，下面密生长绒毛；叶柄短。花先叶或与叶同时开放；花梗短；萼筒呈圆筒形，有短柔毛，萼片卵圆形；花瓣5，白色或带粉红；雄蕊多数；子房密生短柔毛。核果近圆球形，熟时深红色，略有毛。

拉丁名：*Prunus tomentosa*
英文名：Manchu Cherry

# 毛樱桃

用途：果熟时可食，似樱桃。

# 草本花卉

## 具总苞的头状花序种类
### ——菊科和川续断科

拉丁名：Compositae　英名：Composite Family

　　本书第二部分介绍菊科和川续断科的常见野花。菊科是有花植物中最大的一个科，共有1000属2万多种。中国有200多属1000多种。

　　菊科绝大多数为草本植物，最大的特征是有头状花序。头状花序大的如向日葵，小的如黄花蒿，都是由许多小形的花集生在花序托上而成。菊科的头状花序下部有总苞（由若干个苞片组成）。我们前面已经认识的蒲公英、苦菜、抱茎苦荬菜、鸦葱、大丁草都是菊科的花卉；我们熟悉的刺儿菜也是菊科的花卉。看看蒲公英的花，再看看刺儿菜的花，理解什么叫做具总苞的头状花序了吗？

总苞里面有很多花。这些花有两类：一类为舌状花，一类为管状花。有的种类这两类花均有，如向日葵；有的种类只有舌状花，如蒲公英；有的则只有管状花，如刺儿菜。

这个头状花序在有些种类是单一的，比较明显；在有些种类又组成伞房状花序，或不太明显。本书中第70～113页介绍的是比较好判别的菊科花卉；114～135页介绍的是不太明显的菊科花卉。你只管记住，不论有多少个头，不论花大小，只要是具总苞的头状花序，那它就基本是菊科的了。

也有例外，比如川续断科。川续断科有的花卉也是具总苞的头状花序，不过细看里面的小花和菊科是不一样的。我们常见的野花只有两种是川续断科的，它们就是日本续断和华北蓝盆花。因此也就放到一起介绍了。

切记，使用本书时，遇到野花你千万要注意先判断下是否菊科花卉。如果是菊科，你到后面其它科部分中根据花型、花色是查不到的。同样，豆科、唇形科、玄参科的野花也不能到其它科中去查找。

总苞

  旋覆花在古代被称做金钱花。唐代诗人皮日休有"金钱花"诗云:"阴阳为炭地为炉,铸出金钱不用模"。《花史》记载:有个诗人外出郊游,见旋覆花大开,就以金钱花为题吟诗。不觉入梦,梦中一女子抛给他许多钱,并笑曰:"为君润笔"诗人醒来,只摸得怀中一把金钱花。自此,人们又称旋覆花为润笔花。

---

**形态特征:** 茎直立,上部有分枝。茎中部叶椭圆形或长圆形,基部渐狭或急狭或有稍抱茎的小耳。头状花序直径可达4cm,再排成伞房状;总苞片4～5层;舌状花黄色,舌片狭条形,长约达2cm;管状花黄色。瘦果具冠毛1层,白色。

拉丁名：*Inula japonica*
英名：Inula

# 旋覆花

菊科旋覆花属多年生草本。花期6～8月。

广泛分布于我国东北、华北、西北，南方也有。生平原、山区的路边、山坡、荒地、田边和河岸边湿地。

**用途**：旋覆花的花序入药，药名即旋覆花。功用为理气、化痰、止呕、行水、止喘咳。

**野外识别要点**：花序的大小与蒲公英、苣荬菜相似，但叶不为基生，且具管状花。与苣荬菜之区别还有其花金黄色，舌状花较狭窄而多。

菊科苦苣菜属多年生草本。又称取麻菜、败酱草。花期6～8月。

　　广泛分布于我国北方。北京各山区、平原均多见，习生于农田边、荒地、沟边草地上。

　　苣荬菜农村俗称为取麻菜或败酱草。其嫩茎叶微苦，较苦菜口味更好，农村常作野菜食用。又称苦菜，亦为救荒植物。

*形态特征：* 植株含乳汁。有匍匐根状茎，在地下横生，白色。茎直立，高达0.5m，下部带紫红色，不分枝。基生叶广披针形或长圆状披针形，灰绿色，长可达20cm，宽2～5cm，边缘有牙齿或缺刻；茎生叶无柄，基部耳状抱茎，无毛。头状花序数个，于花茎顶组成伞房状；花序直径约2～5cm，全为舌状花，约有80多朵，鲜黄色；舌状花长约近2cm。瘦果长圆形，冠毛白色。

# 苣荬菜

**用途**：全草入药。有清热解毒、凉血利湿的功能。可治急性咽炎、细菌性痢疾、痔疮肿痛等症。

菊科猫儿菊属多年生草本。花期7~8月。

分布于我国东北、华北地区。北京西部、北部山区皆有，生于海拔约1000m的阴山坡草丛中。

形态特征：高不过50cm。茎不分枝。有乳汁。基生叶簇生，长椭圆形或匙状长圆形，长达20cm，基部渐狭成柄状，边缘有小尖齿，两面疏生硬毛；茎中部至上部叶较狭，长圆形或长卵形，基部耳状抱茎，边缘有尖齿。头状花序较大，直径3~4cm，单生茎顶；总苞片3~4层，外层的边缘紫红色；全为舌状花，花冠橘黄色，长达3cm，管部细长。瘦果圆柱状，有长喙，冠毛羽毛状，黄褐色。

拉丁名：*Hypochaeris ciliata*
英名：Common Catdaisy

# 猫儿菊

用途：其根入药，有利水的作用，用于治疗臌胀病。

猫儿菊的花和植株都有些像苣荬菜，最大的区别是茎不分支，头状花序单生茎顶；花橘黄色。

---

菊科

拉丁名：Compositae　英名：Composite Family

菊科是有花植物中最大的一科，共有1000属2万多种。中国有200多属1000多种。

菊科绝大多数为草本植物，最大的特征是有头状花序。每个头状花序下部有冠苞，里面的花有两种：一为舌状花，一为管状花。

菊科中凡头状花序只有舌状花的，则其茎叶必含乳汁。头状花序只含管状花或兼有舌状花的，则茎叶不含乳汁。

菊科的果实为连萼瘦果，通常有冠毛；少数种类的冠毛非毛状，而为小鳞片状或刺状；也有无冠毛的。

菊科的花卉有菊花、大丽花、瓜叶菊、万寿菊、非洲菊、翠菊等；药用植物有旋覆花、苍术、牛蒡、苍耳、紫菀、红花、款冬、蒲公英等；著名油料作物有向日葵。

菊科狗娃花属二年生草本。花期6~8月。

分布于我国东北、华北、西北、南至江南等地。北京山区习见，生干燥山坡、山沟、荒地。

狗娃花属与紫菀属的主要区别在于：狗娃花管状花冠的5个裂片中有1个裂片较长；舌状花的冠毛膜片状、毛状或无冠毛。而紫菀的管状花花冠的裂片等长；舌状花的冠毛呈毛状。这两个属分分合合，可见接近之处比较多。

**形态特征：** 茎有粗毛。茎生叶互生；狭长圆形或倒披针形，全缘；两面有疏硬毛或无毛；无叶柄；上部叶狭条形。头状花序在茎上部排成伞房状，直径可达5cm；总苞绿色，草质，狭条形，有粗毛；舌状花白色或带淡红色，长达2cm；管状花5裂，内1裂片较长。瘦果有密毛，舌状花的冠毛极短，白色，呈膜片状或糙毛状；管状花的冠毛糙毛状，白色或变红色，与花冠等长。

拉丁名：*Heteropappus hispidus*
英名：Hispid Puppyflower

# 狗娃花

**用途**：花序较大。有观赏价值，移植于庭园绿化荒地极宜。

根入药，有解毒消肿的作用，治疮肿和蛇伤，外用捣烂敷患处。

**野外识别要点**：叶较狭。舌状花多为近白色或极淡的紫色，比东风菜的舌状花大；头状花序也大些；另外，东风菜叶宽大，与本属有明显区别。

菊科马兰属多年生草本。花果期7~9月。

分布于东北、华北及山东。生于山地林中。北京见于密云、怀柔山区。

马兰和狗娃花比较难区分，专业人员是根据管状花的冠毛来区别的。

形态特征：高达80cm。茎直立，上部分枝；有疏短硬毛，毛向上。茎中部叶质地厚，长圆状披针形或披针形，长3~5cm，宽4~10mm，全缘，或有疏锯齿，或有浅裂，叶片上面有短糙毛，有密腺点；茎上部叶细小。头状花序直径2~3cm，呈伞房状排列；总苞片2层，边缘带膜质；舌状花1层，淡紫色，长约15mm。瘦果倒卵形，有边肋，冠毛长0.5~1mm，褐色，易脱落。

拉丁名：*Kalimeris lauturiana*
英名：Mountain Horseorchid

# 山马兰

**野外识别要点：** 头状花序直径达3cm；舌状花淡紫色，有点像狗娃花。但本种叶宽可达1cm，全缘，有时边缘有疏锯齿或浅裂，管状花冠毛极短，不及1mm；狗哇花叶较窄，宽仅达6mm，全缘，管状花冠毛与花冠近等长，糙毛状。

**用途：** 可以引种为观赏植物。

菊科东风菜属多年生草本。花期6～7月。

分布于我国东北、华北，南可至广东等地。北京山区多见，生于山地林下荫处。

东风菜花白色，最大的特点是多个头状花序在茎顶组成了一个伞房状的大花序，就像是扎成一束的花。

形态特征：高达80cm。茎粗壮，上部分枝。基生叶与茎下部叶心形，长达14cm，基部心形，边缘有牙齿，两面有糙毛；叶柄长，边缘有翅；中部叶有带翅的柄，渐小成卵状三角形，基部心形至截形。头状花序多个生茎顶，组成伞房状；总苞半球状，苞片3层；舌状花雌性，白色，约有9～10朵；管状花两性，黄色，5齿裂，裂片反卷。瘦果长圆状披针形，冠毛污白色。

拉丁名：*Doellingeria scaber*
英名：Scabrous Doellingeria

# 东风菜

**用途**：根及全草入药，有清热解毒、祛风止痛的功能。治毒蛇伤、风湿性关节炎、感冒头痛、咽喉痛等。嫩叶可以作蔬菜。

菊科紫菀属多年生草本。花期7~8月。

分布于全国各地。北京各山区皆有，生于山坡林下或山沟中。

　　三脉紫菀夏秋开花，花朵多而美丽，且生长繁茂。全草入药，清热解毒、止咳祛痰。其实，三脉紫菀的离基三出脉并不十分标准，只是羽状脉不太明显而已。

**形态特征**：高可达1米。基生叶和茎下部叶宽卵形；中部叶椭圆形或长圆状披针形，边缘有3~7对浅的或深的锯齿，有离基三出脉。头状花序排成伞房状，直径达2厘米；总苞片3层，狭长圆形；舌状花紫色、淡红或近白色，长约1厘米；管状花黄色。瘦果椭圆形，冠毛淡红褐色或污白色。

拉丁名：*Aster ageratoides*
英名：Threevein Aster

# 三脉紫菀

**野外识别要点：** 茎生叶长圆状披针形，有离基三出脉，边缘有浅或稍深的锯齿3～7对；基生叶花期已枯死。头状花序直径1.5～2cm；舌状花色淡红、紫或白色。近缘种紫菀(拉丁名：*Aster tataricus*)，头状花序直径2.5～4.5cm；茎生叶不具三出脉；基生叶长圆匙形；花色较深，蓝紫色。

紫菀

紫菀

菊科千里光属多年生草本。花果期7～8月。

　　分布于我国北部、中部和东部地区。北京山区也有。河北雾灵莲花池去顶峰途中多见。

　　林荫千里光的最大特点是舌状花黄色，故又名黄菀。全草含大叶千里光碱、瓶千里光碱等多种化学成分，是著名药材。民间多外用治疮、疖，有文献将其列入有毒植物。内服需遵医方。

形态特征：植株高可达1m。茎单一或丛生，茎中部叶卵状披针形或长圆状披针形，长达15cm，近无叶柄，半抱茎；上部叶条状披针形。头状花序多数，排成宽伞房状；舌状花5～9个，黄色；管状花的冠毛白色。

拉丁名：*Senecio nemorensis*
英名：Shady Groundsel

# 林荫千里光

用途：清热解毒。治热痢，眼肿，痈疖疔毒。

千里光属我国约160余种，全国各地均有分布。

菊科橐吾属多年生草本。花期7~8月。

　　分布于我国东北、华北、西北、华中等地。北京西部山区均有，习生于中山至亚高山林下、山沟水湿处。

　　狭苞橐吾株高叶大，花黄色，花序长，极为显眼。如能引种驯化，栽于庭园、公园水池边是很好的观赏植物。

形态特征：高达1m。茎较粗壮。基生叶有长叶柄，叶片肾状心形或心形，长达19cm，宽达21cm，边缘有较整齐的细锯齿，顶端圆形，基部两侧各有一圆耳，叶脉掌状，叶两面无毛，质地稍厚；茎生叶渐小。头状花序排成顶生总状花序，长可达40cm，开花后下垂；总苞狭圆柱形，长达1.1cm，有总苞片约8片，无毛；舌状花4~6个，舌片黄色，长圆形；管状花多个。瘦果圆柱形，有纵沟，冠毛污褐色。

拉丁名: *Ligularia intermedia*

英名: Narrowbract Goldenray

# 狭苞橐吾

**野外识别要点:** 基生叶大型, 呈肾状心形, 边缘齿整齐为牙齿状。头状花序花黄色, 排成顶生总状。

菊科翠菊属一年生或二年生草本。又称江西蜡。花期7~9月。

分布于我国东北、华北及山东、四川等地，云南也有。北京山区有野生，海拔1000~2000m山地、山沟、公路边均见。

在野生的菊科花卉中翠菊的头状花序较大，而且分布广，色彩美丽、多样，早已引种为庭园草花。

形态特征：高可达1m。茎有白色糙毛。茎中部叶卵形、匙形或近圆形，长达6cm；基部近截形或宽楔形，边缘有粗锯齿；叶柄有狭翅。头状花序宽大，常单生茎端，直径达6~7cm；总苞片外层的叶状绿色、倒披针形；中层的淡红色、较短；内层的更短。边缘花舌状，雌性，紫、蓝、红或白色，有1~多层；中央为管状花，两性，花冠5齿裂。瘦果密生短毛，冠毛2层，外层极短，易落，内层的羽毛状。

拉丁名：*Callistephus chinensis*
英名：China Aster

# 翠菊

　　在人们的习惯中，将具有有总苞的头状花序，中心为管状花，外部为舌状花的花卉称为野菊花。植物学家则把这些野菊花又分为好几大类。有紫菀、狗哇花、马兰、翠菊、菊等等。这些类(属)的划分主要依据花的一些构造上的小区别。

菊科菊属多年生草本。花期8～9月。

分布于东北、华北、西北。北京山区有分布，生于山坡、草甸、山沟湿地。

小红菊是我们栽培的菊花的近亲，在我们介绍过的多种菊科植物中，它的叶片形态无疑是最接近菊花的了。

形态特征：高不过20～35cm。基生叶和茎下部叶掌状或羽状浅裂，偶深裂；宽卵形或肾形，长不超过5cm，基部心形或截形；叶柄有翅。头状花序直径达5cm，单个顶生或2～5个排成伞房状；总苞片4～5层，外层的顶部膜质扩大，有柔毛，各层总苞片边缘膜质，白色或褐色；舌状花粉红色、紫红色，少白色；舌片长达2cm以上，顶端有2～3齿裂。瘦果。

90

拉丁名：*Dendranthema chanetii*

英名：Chanet Daisy

# 小红菊

**野外识别要点：** 未开花时注意叶片宽卵形或肾形，叶片不会太大，总维持在长不过5cm或更短的情况下。植株较低矮，个体较多。

小红菊是园林中地被菊的亲本之一。

菊科菊属多年生草本。花果期9～10月。

分布于东北、华北及山东、陕西、四川、江苏、浙江等地。北京山区、平原均多见。

9月间，山野路边到处是黄色的小型的菊花，老百姓叫野菊，实际是甘菊。它的头状花序直径1～1.5cm，真正的野菊头状花序直径2.5～5cm，叶片小得多。

**形态特征**：高可达1.5m。茎中正部多分枝。基生叶、茎下部叶在花时已枯死；中部叶轮廓宽卵形，2回羽状裂：第1回全裂，侧裂片2～3对，第2回半裂或浅裂。头状花序直径1～1.5cm；总苞片5层，外层的边缘膜质，白色或浅褐色；舌状花黄色。瘦果倒卵形，无冠毛。

拉丁名：*Dendranthema lavandulifolium*

英名：Lavanderleaf Daisy

# 甘菊

近缘种野菊（*Dendranthemum indicum*）茎生叶卵形或矩圆卵形，长达7cm，宽1～2.5cm，羽状深裂。头状花序直径2.5～4（5）cm。舌状花黄色。分布广，但南方多，北方少见。北京地区尚未见到野生的。

用途：甘菊、野菊花均入药，清热解毒、降压。

菊科蓟属多年生草本。又称小蓟。花期4～8月。

分布几遍全国。北京各区县山地、平原均极多见，生荒地、路边、田边。

刺儿菜的植株有高有矮，肥沃之地可高达2米以上。刺儿菜的嫩苗可以作野菜食用，含胡萝卜素、维生素B₂、维生素C。炒食或作汤味道都很好。

形态特征：有匍匐的根状茎。叶椭圆形或长椭圆状披针形，全缘或羽状浅裂或齿裂，齿端有硬刺，两面有疏生的蛛丝状毛。雌雄异株；头状花序单个或数个生枝端，成伞房状；花序内层总苞片披针形，顶端长尖，有刺；花冠紫红色。瘦果椭圆形，冠毛羽毛状。

拉丁名：*Cirsium setosum*
英名：Spinegreens, Setose Thistle

# 刺儿菜

**野外识别要点**：叶边缘有硬刺。头状花序花紫红色，内层总苞片也有刺。

**用途**：全草入药，有凉血止血、解毒消肿的功能。用于吐血、衄血、尿血、便血、创伤出血。

5月，和熙的阳光洒满大地。你如走在城市的林荫道上或草地边缘，只要留心看看，就会发现草地上常常生出亭亭一株高草。高草的茎有几个小形、紫红色的头状花序。花有点像刺儿菜，可叶子却不一样。那就是泥胡菜。它的叶片被称为提琴形羽状分裂，叶子的背面（也就是向下的一面）雪白雪白的。

形态特征：高30～80 cm。基生叶莲座状，倒披针形或倒披针椭圆形，长达20 cm，羽状分裂呈提琴状，顶裂片大，三角形，上面绿色，下面密生白色蛛丝状毛；中上部叶渐小。头状花序多数；总苞球形，外层总苞片背面顶端有鸡冠状突起，绿色或紫褐色；花冠管状，紫红色，管部远长于裂片。瘦果圆柱形，冠毛呈羽毛状，白色。

拉丁名：*Hemistepta lyrata*
英名：Lyrate Hemistepta

# 泥胡菜

菊科泥胡菜属二年生草本。花期5～7月。

分布几遍全国。北京低山区和平原均多见，生路边荒地、田野、山坡，为杂草之一。

**野外识别要点**：应注意与风毛菊区分。本种的叶下面密生白毛，头状花序外层总苞片背面有鸡冠状突起；风毛菊叶无白色毛，总苞片无鸡冠状附属物。

祁州漏芦有个怪名叫大脑袋花，它的头状花序比其他菊科野生种的都大，直径可达5厘米以上，十分显眼。它总苞的外层苞片是干膜质、枯褐黄色的，识别起来特别容易。

**形态特征:** 高达80cm。茎直立不分枝；有绵毛。基生叶与茎下部叶羽状深裂，较大，长达20cm，裂片长圆形或更窄，边缘有不规则齿；两面有软毛；叶柄长，有厚绵毛。头状花序单生茎顶，较大，直径可达5cm以上；总苞宽钟状，苞片多层，棕色，有干膜质附片；管状花淡紫色，5裂，裂片狭长。瘦果棕褐色，有4棱，冠毛淡褐色。

拉丁名：*Rhaponticum uniflorum*
英名：Swiss Centaury

# 祁州漏芦

菊科祁州漏芦属多年生草本。又称漏芦、大脑袋花。花期5～6月。

分布于我国东北、华北、西北及山东等地。北京低山区（海拔300～500m）有分布。

用途：根入药，可清热解毒、排脓消肿，功效同禹州漏芦。

头状花序大形，色淡红紫，美丽。可引种于庭园供观赏。

山牛蒡

菊科牛蒡属二年生草本。花期6～7月。
分布于我国东北至西南等地。北京山区也有。

牛蒡叶大花奇，生命力强盛。俄国大作家托尔斯泰曾写"牛蒡"一文赞赏它。

牛蒡的应用十分广泛。在日本，牛蒡是一种蔬菜。它的嫩枝和根用文火炖后再煎炒，美味可口。

现代医学发现牛蒡是温和的癌症抑制剂。

**形态特征**：高可达2m。有粗根。茎粗壮，上部分枝。基生叶丛生，茎生叶互生；基叶特大，宽卵形，长可达0.5m，宽可达0.4m，基部心形，全缘、波状或有细锯齿；上面无毛，下面密生灰白色绒毛；叶柄粗壮。头状花序排成伞房状，径达4cm；总苞圆球状，总苞片披针形，顶端呈钩状内弯；全为管状花，淡紫色，5齿裂。瘦果。

拉丁名：*Arctium lappa*
英名：Great Burdock

# 牛蒡

**用途：** 牛蒡新鲜嫩叶可制茶，称牛蒡茶。有香淳口感，适合于身体肥胖、好烟酒、体虚疲劳者，习惯性便秘者。瘦果入药，称牛蒡子。有疏散风热、宣肺透疹、散结解毒的作用。治风热感冒、头痛、咽喉肿痛。

**野外识别要点：** 注意与山牛蒡属的山牛蒡区别。牛蒡基生叶特大，下面密生白色绒毛；总苞纯绿色，圆球形，总苞片都呈弯刺状。山牛蒡总苞钟形，带紫色。

菊科蓟属多年生草本。花期7～8月。

分布于我国东北、华北及陕西等地。北京山区均有，多生于山沟内或林间草地上。

从烟管蓟的外观大致可以看出它与我们熟悉的刺儿菜有"亲戚"关系。它的植株特别高大，最有特色的是头状花序是下垂的。

**形态特征：** 高可达1.2m，茎上部有分枝。基生叶和茎下部叶开花时已经枯萎；茎中部叶狭椭圆形，较大，长达18cm，边缘有刺，稍抱茎；上部叶小。头状花序单生枝顶，直径达4cm，下垂，有细长梗，被蛛丝状毛。总苞卵形，长达2cm，总苞片多达8层，狭披针形，有刺尖，端反曲，背面多蛛丝状毛；花冠紫色，长达2.3cm，管部细长，为檐部的2倍以上。瘦果长圆形，冠毛灰白色，羽毛状。

拉丁名：*Cirsium pendulum*

英名：Pendulate Thistle

# 烟管蓟

**野外识别要点：**烟管蓟头状花序较大，下垂，很有特点。近缘种魁蓟(拉丁名：*Cirsium leo*)茎生叶羽状浅裂至深裂，裂片端尖有刺。头状花序单生枝端，直立；花管部与檐部等长。分布于河北、山西、河南等地。北京西部和北部山区均有见。雾灵山莲花池一带多见(海拔1800m的山间草地、林缘和山沟中)。

**用途：**全草及根入药，有凉血止血、散瘀消肿之功，治衄血、咯血、吐血、尿血、跌打损伤等。

菊科风毛菊属多年生草本。花果期8~9月。
分布于华北及辽宁、山东、河南。

当你在阔叶林下玩时，会看见这个种，它的花序不太，但总苞片外层的是叶质的，顶部有尖而反折的附片，这是本种特殊处。

形态特征：茎中部叶卵状披针形，羽状深裂，裂片边缘有齿；叶下面绿色。头状花序排成伞房状；总苞片5层，外层苞片顶端叶质，有栉齿状附片，常反折。花粉紫色。瘦果圆柱形，冠毛污白色，羽毛状。

拉丁名：*Saussurea pectinata*
英名：Pectinatebract windhairdaisy

# 篦苞风毛菊

菊科飞廉属二年生草本。花果期6～8月。
分布全国。北京山区多见。生荒野路边、山沟边。

山沟湿处，你注意，大约6月间，有一种满身硬刺的直立草本，茎上有翅，头状花序紫红色，无舌状花，那准是飞廉。

形态特征：高可达1m。茎上有纵行的翅，翅有硬刺。叶椭圆披针形，羽状深裂，裂片边缘有刺。头状花序2～3个生枝顶，直径1.5～2.5cm；全为管状花，紫红色，稀为白色。瘦果长椭圆形；冠毛白色，刺毛状。

拉丁名：*Carduus crispus*
英名：Curly Bristlethistle

飞廉

用途：地上部分入药，有解毒消肿、止角的作用。

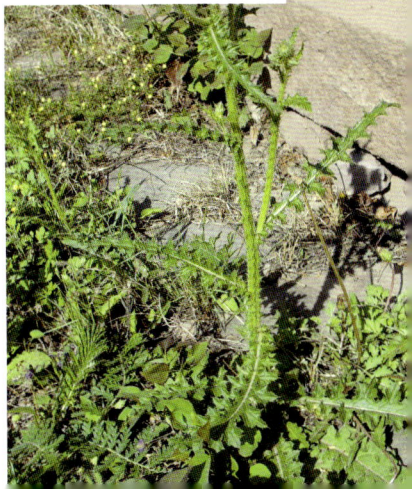

菊科蓝刺头属多年生草本。又称禹州漏芦。花期7~8月。

分布于东北、华北，以及陕西、甘肃、河南、山东等地。北京西部山区海拔1400m以上的山地草坡中有生长。

蓝刺头出现在和柳兰相似的海拔高度，不过它分布的海拔上限更高。它的叶片有刺，很难接近。但它那圆球形的蓝色复头状花序既美丽又有意思，令人难以忘怀。

**形态特征**：高达80cm。茎直立，有白绵毛，少分枝。叶互生，2回羽状深裂，裂片披针形，有刺尖头；有缺刻状小裂片，边缘有刺，上面绿色，下面密生白色绵毛。复头状花序呈圆球形，直径达4cm；小头状花序长约2cm，外总苞片刺毛状，内总苞片外层的匙形；花冠筒状，有5裂片，淡蓝色。瘦果圆柱形，密生黄褐色柔毛，冠毛短。

拉丁名：*Echinops latifolius*
英文名：Broadleaf Globethistle

# 蓝刺头

　　蓝刺头的花刚开了一半时，无论是色彩还是形态都是最美的，一旦花全部开放，颜色就显得过深，形态也过于刻板了。

**用途**：其根入药，名禹州漏芦。有清热解毒，排脓消肿和通乳的功能。治乳腺炎、痈肿、风湿性关节炎、痔疮等。

川续断科川续断属多年生草本。又称续断。花期7～8月。
分布于全国各地。北京各山区均见，喜生沟谷水边、林下湿润之地。

日本续断分布虽广，但并不成片生长，在林中见到它的机会较少。因根木质化，不宜入药，不能作中药中的"川续断"用。

形态特征：高可达1.5m。茎和枝均有纵棱沟，棱上常有倒钩刺。茎生叶对生，倒卵形或椭圆形，长达20cm，宽达8cm，羽状分裂，中裂片最大，边缘有锯齿，两面有疏生的白毛，背面脉和叶柄都有钩刺。头状花序球形或椭圆形，长达3cm，基部有总苞片数片；苞片多数，螺旋状排列，倒卵形，顶端有刺芒，芒两侧有硬质疣毛；花比苞片短，花萼皿状，浅4裂，有白毛；花冠淡紫红色，漏斗状，裂片4；雄蕊4；子房下位，包于囊状小总苞内。结果时，苞片增长，小总苞四棱圆柱状，顶端有8个齿；瘦果。

拉丁名：*Dipsacus japonicus*
英名：Japan Teasel

# 日本续断

川续断科

拉丁名：Dipsacaceae  英名：Teasel Family

　　川续断科中国有5属约28种。

　　本科主要特征为：多年草本，少亚灌木或灌木。叶对生，少轮生，无托叶。花序为头状有总苞，或穗状的轮伞花序。花不整齐；有小总苞(或称外萼)，小总苞由2小苞片合成；萼片小，花冠合瓣，4～5裂；雄蕊4或2，分离；子房下位，2心皮，只1个发育成1室，1胚珠，花柱1，线形。瘦果包于小总苞内。

　　本科有著名野生花卉华北蓝盆花；有著名药用植物川续断。

中药川续断为主要分布于四川、湖南、湖北、贵州、云南、陕西等地的川续断(*Dipsacus asperoides*,英名：Teasel)的根制成，北京地区不产。川续断的根多为数条并生；茎生叶多3裂，中央裂片最大；花白色或淡黄色而有别于日本续断。

川续断科蓝盆花属多年生草本。又称山萝卜。花期7~9月。

分布于东北、华北及西北的甘肃、宁夏。北京各山区均有，生于海拔1400~2200m山地路边向阳处以及亚高山草甸中。

华北蓝盆花花大，色彩美，而且形态奇特，是一种人见人爱的野花。在海拔较低处常开紫蓝色的花；海拔较高处花的颜色稍红一些。国外已有引种观赏。

形态特征：茎有白色卷毛。基生叶簇生，叶片卵状披针形至椭圆形、浅裂或深裂或仅有钝齿，变化多；茎生叶对生，羽状深裂至全裂，裂片较窄；近上部叶羽状全裂，裂片狭窄。头状花序顶生或上部叶腋出，直径达5cm；总苞苞片披针形；花多数，边缘的花常较大，蓝紫色，二唇形，上唇2裂，下唇3裂，较长；中央的花筒状，花冠裂片近等长；雄蕊4，分离；子房下位，1室1胚珠。瘦果包在小总苞内，顶端有宿存的萼刺。

拉丁名：*Scabiosa tschiliensis*
英名： China Bluebasin

# 华北蓝盆花

它的头状花序由多朵小花组成。边缘的花二唇形，上唇2裂，下唇3裂，较大，外伸。中央的花筒状，花丝从花冠中伸出。

菊科鳢肠属一年生草本。又称墨旱莲、旱莲草。花期6~8月。

分布几遍全国各地；北京郊区普遍，习生于水边湿地、河边草地。

鳢肠的茎柔软、具黑汁，与鳢鱼的肠子相似，因而得名。鳢鱼，又称乌鳢、黑鱼、乌鱼，是一种黑色的鱼，它的肠子细而色黑，细鳞乌黑。

形态特征：高40~60cm。茎从基部分枝，有贴生糙毛，有淡黑色汁液。叶对生：长圆状披针形，两面密生硬毛。头状花序单生，径不及1cm：总苞绿色，草质，花托凸起：舌状花雌性，舌片小，白色；管状花两性，白色，顶端4齿裂。管状花的瘦果三棱形；舌状花的瘦果扁四棱形，无冠毛。

拉丁名　*Eclipta prostrata*
英名：Yerbadetajo

# 醴肠

　　"墨旱莲"的叫法最早记载于《唐本草》，因这种草实如莲房，生于旱田，其茎叶如搓揉即有墨汁样液体流出，故名。

用途：全草入药，药名墨旱莲。有凉血、止血、消肿的功效。《本草纲目》云"汁涂眉发，生速而繁"。并有附方，可以乌发固齿。

菊科豨莶属。花期8～9月。

分布从辽宁、吉林至长江以南广大地区均有；北京各山区多见，生路边、荒地或山沟中。

"豨莶"释名："豨"是古代吴楚一带人对猪的称呼，"莶"读xian，《集韵·沾韵》："莶，辛毒之味"。李时珍曰："此草气臭如猪而味莶螫，故谓之豨莶"。本草纲目还记载此草"主金疮止痛，断血生肉，除诸恶疮，消浮肿"等。

**形态特征**：高可达1m。有白色长柔毛和糙毛。叶对生，茎中部叶卵形或菱状卵形，长达12cm，基部宽楔形，下延成有翅的叶柄，边缘有粗齿，基出3脉，两面有短柔毛。头状花序径达1.8cm，花序梗密生紫褐色头状有柄的腺毛和长柔毛；总苞片密生褐色头状有柄的腺毛，外层的匙形；舌状花黄色，舌片3齿裂；管状花黄色。瘦果倒卵形。

拉丁名：*Siegesbeckia pubescens*

英名：Glandstalk St. Paulswort

# 腺梗豨莶

**野外识别要点**：叶对生，叶片密生短柔毛。花序梗密生紫褐色头状有柄的腺毛和长柔毛；总苞片密生头状有柄腺毛。

**用途**：全草入药，祛风湿、降血压，治风湿关节痛、高血压病。

菊科和尚菜属多年生草本。又称腺梗菜。花期6～8月。
分布于全国各地。生于林下阴湿处，成片生长。

和尚菜常在山沟中阴湿处成片生长。它
的叶柄有翅，下面密生白蛛丝状毛。花小，白
色，花序梗有腺体。

形态特征：高可达1m。有根状茎，茎有蛛丝状绒毛。下部茎叶近圆形或肾形，
长5～8cm，宽达12cm，下面白色，有密生的蛛丝状毛；叶柄长，有狭翅；茎中部
叶大；上部叶小。头状花序多个，呈圆锥状排列，果期梗延长，密被有柄腺毛；
总苞片果时反曲；雌花白色；两性花淡白色。瘦果棍棒状，有头状具柄腺毛。

**118**

拉丁名：*Adenocaulon himalaicum*
英名：Himalayas Adenocaulon

# 和尚菜

用途：根状茎入药，有止咳平喘、利水散瘀的作用。治咳嗽气喘。嫩叶为野菜。

菊科泽兰属多年生草本。又称白头婆。花期7~9月。

分布于我国东北、华北、华中和华东等地。北京各山区均见，生低海拔的山沟水边或湿草地上。

兰这个字，在我国古代最早是用来指泽兰等香草的。泽兰的叶子有香味，在古代就是著名的香草。在春秋战国时期，只有士大夫可以佩带泽兰，以表示道德高尚。

**形态特征**：高可达1m。叶对生，几无叶柄；狭条状披针形、披针形至卵状披针形，长可达10cm，3裂或不裂，边缘有疏锯齿。头状花序多数在茎顶组成伞房状；总苞钟状，淡绿色；头状花序有约5朵两性花，筒状，淡紫或白色。瘦果黑色，冠毛1层，白色。

**120**

《诗经》与《楚辞》中均经常以泽兰来比兴君子。如："户服艾以盈兮，谓幽兰其不可佩"。可见泽兰在古人心目中的地位。

用途：全草入药，有化湿清暑作用，治发热头重、胸闷腹胀、食欲不振。
叶子可提炼油制成香料。

拉丁名: *Syneilesis aconitifolia*
英名: Aconiteleaf Syneilesis

# 兔儿伞

菊科兔儿伞属。花期7～8月。

分布于东北、华北、华东、华中；北京山区多见，生于林下或林缘草地。

**用途**：根入药，有祛风除湿，活血消肿之功。可引种供观赏，因其叶形特殊。

**野外识别要点**：叶掌状7～9深裂，圆盾状似伞盖。

**形态特征**：高达1m。有匍匐的根状茎。基生叶1枚，花时已枯；茎生叶2枚，互生，叶片呈圆盾状，径达30cm，掌状7～9深裂，裂片又叉状分裂，小裂片宽条形，有锐齿。头状花序多数排成复全房状；总苞圆筒状，苞片1层，5个；管状花多朵，淡红色。瘦果圆柱形，冠毛淡红褐色。

菊科蟹甲草属多年生草本。花期7～8月。

分布于东北、华北。北京山区多见，生于林下或林缘草地。

**形态特征**：高达1.5m。有根状茎。中部叶三角状戟形，长达17cm，宽达17cm，先端渐尖，基部戟形，楔状下延，叶柄长4～5cm；边缘有尖齿，下面多毛。头状花序多，下垂，组成狭圆锥花序；管状花淡白色。冠毛白色。

**野外识别要点**：叶片三角状戟形，且较大，株高1.5m。

菊科香青属多年生草本。又称铃铃香。花期6～8月。

分布于河北、山西及西北等地。北京生于海拔1800m以上亚高山山坡草地。

零零香青是一种天然的干花材料，它的总苞片膜质，不易脱落。它还是一种雌雄花异株开的植物。

---

**形态特征**：高不过35cm。植株有蛛丝状毛及腺毛。有细长根茎。莲座状叶和茎下部叶匙形或条状长圆形，长可达10cm，基部渐狭，在茎上下延成翅状，中上部叶更狭；所有叶有蛛丝状毛及腺毛；叶脉3出。头状花序多个密集成复伞房状；总苞宽钟状，总苞片外层红褐色或黑褐色，内层的上部白色、膜质；雌株的头状花序有多层雌花，全为管状花，紫色，中央有少数雄花；雄株的头状花序全为雄花。瘦果长圆形。

拉丁名：*Anaphalis hancockii*
英名：Hancock Everlasting

# 零零香青

**野外识别要点**：其植株有香气，叶多蛛丝状毛及腺毛。总苞内层的上部白色膜质。花全为管状花，紫色。

**用途**：零零香青是著名香料植物之一，其全株有香气，花序可提炼芳香油。
全草入药，可清热解毒、杀虫。

菊科火绒草属多年生草本。花期7～8月。

分布于华北以及陕西、甘肃等地；北京见于百花山、东灵山海拔1500m以上亚高山草甸。

绢茸火绒草是山地一种很有特色的野花。虽然说很少会有人去琢磨哪个是它的花，但相信很多人都会对它的白色茸毛和头状花序留下深刻的印象。

形态特征：高10～45cm。全株有灰白色毛或上部被白色茸毛或绢状毛。叶条状披针形，上面有灰白色柔毛，下面有白色密茸毛或黏结的绢状毛。苞叶3～10个，长椭圆形或条状披针形，边缘反卷，两面有厚茸毛，排列成不整齐的苞叶群，或具长总花梗组成几个分苞叶群；头状花序直径6～9mm，常多密生成伞房状，总苞有白绵毛；小花常单性或雌雄异株。冠毛白色。

**126**

拉丁名：*Leontopodium smithianum*
英名：Smith Edelweiss

# 绢茸火绒草

**野外识别要点**：叶狭，两面有白毛。全株有白毛。顶生花序苞叶3～10个，长椭圆形，组成稀疏不整齐的苞叶群。

**用途**：可引种于庭园供观赏。

菊科蓍属多年生草本。又称锯草、蓍草。花期7~8月。
分布于我国东北、华北、西北等地。北京西部、北部山区皆有。

　　蓍草别名锯草。相传2000多年前，木匠祖师爷鲁班奉命建造一所大宫殿，限期完成，否则要杀头。鲁班召集许多徒弟上山砍木头。当时砍木头的工具只有斧子，连砍几天没砍来几十棵树。鲁班心急，亲自上山。他爬山时，摔

**形态特征：** 高30~80cm。茎有白色长柔毛，仅上部分枝。叶互生，无柄；茎下部叶早凋落；中部叶条状披针形，长6~10cm，宽0.7~1.5cm，呈篦齿状的羽状浅裂或深裂，叶轴较宽，有3~8mm，裂片条形至条状披针形，尖锐，边缘有不规则锯齿或浅裂；两面有毛。头状花序多数，密集成伞房状。总苞片草质，边缘膜质；舌状花7~8朵，白色；管状花白色。瘦果有翅，无冠毛。

拉丁名：*Achillea alpina*
英名：Alpine Yarrow

# 高山蓍

了一跤，手抓到身旁的草，竟划开了一条小口子。再细看自己抓的那草的叶子狭长形，其边缘有密密的细牙齿。鲁班是个聪明人，明白就是那细齿把自己的手割破了。他找到铁匠打了好多铁片，再仿照草叶，在边缘打了错落的尖齿。拿去锯树干，果然又快又好，工作效率提高了好多倍。鲁班就这样发明了木匠今天常用的锯子。因此，这草就被称为锯草。

**用途：** 全草入药，可解毒消肿、止血、止痛，治风湿痛、牙痛、胃痛；外用治蛇伤、跌打损伤。

菊科风毛菊属二年生草本。又称日本风毛菊。花期8~9月。

分布于我国东北、华北、西北、华东至华南等地，极普遍。北京各山区、平原均有，生荒地、路边、山坡、山沟，为繁殖力强盛的杂草之一。

形态特征：高可达1.5m以上。茎较粗壮，有纵棱。基生叶和茎下部叶有长叶柄，叶片长圆形，长达30cm，宽达5cm，羽状深裂或半裂，顶裂片披针形，侧裂片狭长圆形，两面有腺点；上部叶渐小。头状花序小，多数，在茎顶排成伞房状；总苞筒状，长8~12mm；总苞片多层，紫红色；仅有管状花，花冠蓝紫色。瘦果圆柱形，冠毛2层，外层淡褐色；内层的羽毛状。

拉丁名: *Saussurea japonica*
英名: Windhair Daisy

# 风毛菊

　　风毛菊从外观看介于菊和蓟之间。它虽都是管状花，但却在茎顶排成伞房状，而且花冠开放，露出总苞较多。

菊科风毛菊属多年生草本。花期8月。
分布于河北小五台山、北京东灵山海拔2300m石质地带。

**野外识别要点**：叶长椭圆状披针形，最宽处约在中部，下面密生白色绒毛。花淡紫色。

形态特征：高达40cm。茎直立不分枝。下部茎生叶无柄，叶片椭圆形或长圆形，先端渐尖，基部楔形渐狭，边缘羽状半裂或深裂；中部茎生叶长椭圆状披针形，无柄；上部茎叶渐小，条状披针形，全缘，叶上面绿色，下面白色，有密白绒毛。头状花序少数，在茎顶排成伞房花序；总苞圆柱状，直径5mm，总苞片上部黑紫色，外有白色稀短柔毛；花淡紫色，冠毛淡黄色。

# 中华风毛菊

　　中华风毛菊顾名思义自然是中国的特产。不过，它并不是在中国到处都有分布。它的分布区实际上很窄，仅在河北小五台山、北京东灵山海拔2300m顶峰附近有见到。

菊科风毛菊属多年生草本。又称紫苞雪莲。花期8~9月。

分布于东北、华北及陕西、甘肃、四川等地；北京百花山、东灵山均有分布，生于海拔1800m以上草甸中。

紫苞风毛菊又称紫苞雪莲。它也是草甸上一种较醒目的野花。不过它最引人注目的部分并不是花瓣，而是最上部的紫色茎生叶。

形态特征：高可达50cm。有根茎。茎直立，带紫色，有白柔毛。基生叶条状长圆形，长达25cm，基部狭，成鞘状半抱茎的叶柄；茎生叶无柄，边缘有细齿；上部叶椭圆形，呈苞叶状，紫色，全缘。头状花序4~6个排成顶生伞房状；总苞卵状长圆形，总苞片顶部全为紫色，有腺毛；花紫色。瘦果有污白色冠毛。

拉丁名: *Saussurea iodostegia*

英名: Purplebract Windhairdaisy

# 紫苞风毛菊

　　它那含苞欲放的样子总让人期待着开出美丽的花朵。事实上它的花紫黑色，根本没有观赏价值。

**野外识别要点:** 茎上部叶椭圆形，苞叶状，紫色。故有"紫苞风毛菊"之名。

# 草本花卉

## 蝶形花冠种类
### ——豆科

拉丁名：Leguminosae　英名：Pea Family

豆科也是一个常见的大科，中国有150属1100多种。

豆科的花和果实极有个性。花冠称蝶形花冠，具5个花瓣，其中1个特大，叫做旗瓣；2个侧生的稍小，叫翼瓣；另2个包在翼瓣内的更小一点，叫做龙骨瓣。它的雄蕊也特殊，多是10个雄蕊，但其中多是9个的花丝合生成一体，另一个离生，故名为两体雄蕊。豆科的果实都称为荚果，是由1个心皮组成的，成熟时多裂为两瓣。因此荚果成为豆科极重要的特征。其次的特征是蝶形花冠和两体雄蕊，但有少数例外。

豆科植物乔木、灌木、草本、藤本都有，除了根据蝶形花冠来判断以外，未开花时还可以根据叶子来初步判别：

它们的叶子多是复叶，单叶的极少；复叶又多是羽状复叶和羽状3小叶；小叶大都近似椭圆形或长圆形，多全缘，有托叶。

豆科的经济植物种类很多，有大豆、花生等油料植物；有黄耆(芪)、甘草等药材；有珍贵木材花榈木、黄檀等；有著名花木凤凰木、紫藤；还有一大批重要牧草。大多数野生的豆科植物都可以用来做牧草。

认识北方常见的豆科野生植物，初学者一般就可以掌握蝶形花冠和羽状复叶这两个植物形态术语了。至于什么是心皮，什么是两体雄蕊，可以以后再慢慢去琢磨。

**蝶形花冠花瓣5，分离**

豆科山黧豆属多年生高草本。又称茳芒香豌豆。花期5~7月。
分布于我国东北、华北，南至河南，西北达陕西、甘肃等地。北京西部、北部山区有均分布，多见于林下荫处。

大山黧豆又称茳芒香豌豆、茳芒决明，是一种大型的草本植物。它的花较大，叶也大，可作观赏栽培。茎、叶可作家畜饲料或绿肥。但种子可能有副作用，不可饲用。

形态特征：茎高可达1~5m。偶数羽状复叶，小叶2~5对；上部叶轴末端有卷须，卷须有分枝，下部卷须不分枝；托叶大，长达7cm；小叶椭圆形或卵形，长达10cm，宽达6cm，全缘；无毛。总状花序腋生；花黄色，长达2.5cm或过之；萼钟状；旗瓣长圆形；雄蕊10个，成9个合生1个分离的两体雄蕊；子房条形，有柄，花柱扁形，上部里面有柔毛。荚果长圆形，长达9cm。种子多粒，球形。

拉丁名：*Lathyrus davidii*
英名：David Vetchling

# 大山黧豆

**野外识别要点：**山黧豆属也称香豌豆属。花柱扁形。野豌豆属在有的书上称巢菜属（*Vicia*），花柱圆柱形。豌豆属（*Pisum*），花柱向外纵折，托叶大于小叶。

　　荏芒香豌豆与野豌豆、豌豆的区别也即这3个属的区别。荏芒香豌豆花柱扁形，不纵折，托叶小于小叶。

**用途：**种子入药，有镇痛的作用，治痛经。

豆科两型豆属一年生缠绕草本。花期7～8月。果期8～9月。
主要分布于东北、华北、华东及陕西。

山路边草丛上或林下草地上，你会见到一
种小型的，像豆子样的植物：三小叶的顶小叶
略呈菱形，开着淡紫色的花结个小豆角。那便
是两型豆，而非野大豆。

形态特征：茎纤细，三出羽状复叶。顶生小叶菱状卵形，侧生小叶斜卵形。有
两种花：一种为地上茎叶腋生出的总状花序上的花，花淡紫色；另一种花生于
茎下部的叶腋，无花冠（即无花瓣），子房在受精后于地下结果实。地上结的
果实较窄长，有3粒种子（所以又叫三籽两型豆）；地下的果实为卵球形，仅
含1种子。地下结实的意义在于在地上花条件不合适（如传粉不成）不能结实
时，后种花能结实，保证后代繁衍。

豆
科

140

拉丁名：*Amphicarpaea edgeworthii*
英名：Edgeworth Biformbean

# 两型豆

用途：是食用、药用植物资源，亦可做为大豆育种的野生资源植物。

豆科野豌豆属多年生草本。花期6～8月。

分布于我国东北、华北、西北、华东至中南地区。北京山区多见，海拔1000～2000m林缘、路边、草地均有。

山野豌豆为优良牧草。开花期收获，干草含粗蛋白质20%～25%，脂肪5%～20%。适口性良好，各种家畜均爱吃。

其全草入药，有清热解毒的作用。

形态特征：小叶较多，椭圆形，较狭长；羽状复叶的顶端具有分枝的卷须，靠卷须卷爬在灌丛上。花序总状，叶腋生，花朵很多；花冠蝶形，蓝紫色、紫红色或淡紫色。荚果窄长圆形。

大叶野豌豆

近缘种大叶野豌豆，又名假香野豌豆（*Vicia pseudorobus*），
茎直立，小叶较少（4～10），较大，长3～7cm，宽1.5～
2.5cm；而山野豌豆小叶8～14个，卵状长圆形、椭圆形，长
1.5～3.5cm,宽0.6～1.5cm。

大叶野豌豆

豆科草木犀属一或二年生草本。花期6～8月。
分布于我国东北、华北、西北。北京山区多见。

草木犀的嫩茎叶是优良的牧草，也是很好的绿肥植物和蜜源植物。

在欧洲，人们用它的叶作香料。种子可以作调酒的材料。

**形态特征**：茎高达1m以上。有香气。叶互生；羽状复叶，小叶3枚，椭圆形或狭椭圆形至狭倒披针形，端钝圆，边缘有锯齿；托叶小。总状花序腋生，有多花；花较小；萼齿三角形；花冠鲜黄色，旗瓣与翼瓣近等长。荚果椭圆球形，稍有毛；种子1～2粒。

拉丁名：*Melilotus officinalis*
英名：Yellow Sweetclover

# 草木犀

**野外识别要点：**其羽状3小叶，小叶边缘有锯齿；花黄色有浓香；果椭圆球形。近缘种白香草木犀(拉丁名：*Melilotus albus*)，开白花，北京各区县也有。

豆科槐属多年生亚灌木（1种介于草本和灌木之间的植物）。花期6～7月。

分布于全国。北京山区多见，习生于海拔200～1500m山沟及阴坡林下。

苦参是一种亚灌木，初生植株嫩茎似草本，以后茎干下部逐渐木质化。它和槐树的亲缘关系较近。花形态结构与槐的花相似，结的果实也相像。

形态特征：羽状复叶似槐叶，但小叶较窄。总状花序顶生；花黄白色，旗瓣匙形；雄蕊10，分离。荚果圆柱形，略呈念珠状，先端有喙。

拉丁名：*Sophora flavescens*
英名：Bitterginseng

# 苦参

用途：根入药，能清热除湿、祛风杀虫。治湿热疮毒、热痢便血等。现代中医有用苦参治疗冠心病。

豆科植物的叶大都为奇数羽状复叶。惟独歪头菜较为特殊。它的小叶仅有2枚，歪生在茎的一侧，两两相向，如一对对绿色的蝴蝶停歇枝头，非常优美。它的茎上没有卷须。只有当开花时它的豆科家族身份才暴露无疑。

形态特征：高达80cm。茎直立，无卷须。偶数羽状复叶，只有小叶1对；叶轴末端无卷须，托叶有齿；小叶菱状卵形或椭圆形或更狭，长达10cm；两面无毛，叶脉有柔毛。总状花序腋生，蝶形花多达20朵，花序梗长于叶；萼钟状，萼齿三角形；花冠蓝色、蓝紫色，旗瓣倒提琴形；子房有柄，与花柱成直角弯曲。荚果狭长圆形，两侧扁，先端有短喙。

**148**

拉丁名：*Vicia unijuga*
英名：Askew Vetch

# 歪头菜

　　豆科野豌豆属多年生草本。花期6～8月。

　　分布于全国大部分地区。北京山区多见，生草地、林缘、山沟、林下，在东灵山可分布到近山顶2300m草坡上。

豆科黄芪属一或二年生草本。花期6～8月。

分布于我国东北、华北和陕西、甘肃等地。北京山区普遍，生于向阳草坡、山沟路边阳光充足处及荒地上。

达乌里黄耆的外观很有特点：茎直立；全株有白柔毛。花序短圆，多明显地伸出于株丛。但是要注意不要与直立黄耆混淆。

形态特征：高30～70cm。茎直立，全株有白柔毛。奇数羽状复叶；小叶11～21个，长圆形或倒卵状长圆形，长达2.5cm，先端有短尖；上面近无毛，下面有柔毛。总状花序腋生，花多密集，比复叶长；萼钟状，萼齿不等长；花冠紫红色，旗瓣宽椭圆形，长1.2cm，先端凹形，翼瓣长圆形，龙骨瓣短。荚果圆柱形呈镰刀状弯曲，有毛。

拉丁名：*Astragalus dahuricus*
英名：Dahur Milkvetch

# 达乌里黄耆

**野外识别要点：** 花紫红色，边开花边结果。果实弯成镰刀状。全株尤其上部有白柔毛。

**用途：** 本种花紫红色、美丽，做荒地美化草本极宜，又为牧草。

豆科黄芪属一或二年生草本。花期6~8月。

分布于我国东北、华北、西北等地。北京中山区阳坡有时多见。

直立黄耆又称沙打旺、斜茎黄耆，是著名的沙地绿化植物。因含蛋白质较多，是优良的牧草和绿肥植物。

形态特征：株高不过0.5m左右。茎有分枝，有丁字毛；枝斜出。但在开花时其总状花序出自上部叶腋而直立，"直立黄芪"之名源于此。奇数羽状复叶：小叶7~23枚，椭圆形或长圆形，长1~3cm，宽不及1cm，先端钝，基部圆形，下面有丁字毛和伏毛，上面几无毛。花紫红色或蓝紫色，旗瓣倒卵状匙形。荚果圆柱形，混生黑色、褐色和白毛；背缝延入，使荚果成2室。

拉丁名：*Astragalus adsungens*
英名：Erect Milkvetch

# 直立黄耆

**野外识别要点：**茎有分枝，枝多斜出，有丁字毛；花开时花序直立，花紫红色或蓝紫色。

豆科葛属藤本植物。花期6～8月。

分布几遍全国。北京各山区均有见，怀柔红螺寺后山有一山坡几为葛所占。

　　传说北宋时，天台县境有一家齐昌记酒店，十分有名，县城一家酱园的老板王某和伙计总从这酒店买酒入城销售。一次在运酒途中过一石桥时，一缸酒滑落地上，缸破酒散，一时无法回收。王老板好饮酒，便用手捧石桥路凹处的残酒狂饮，竟至醉倒，滚下桥边低地不省人事。待伙计找到他家人

形态特征：茎较粗，全株有黄褐色硬毛。有肥厚的块根。叶为三出羽状复叶；小叶大形，顶生小叶菱状卵形，全缘，有时三裂。从叶腋生出总状花序，有花多朵；蝶形花冠，紫红色，旗瓣近圆形；雄蕊10个；子房有毛。荚果条形，密生硬毛。

**154**

# 葛

赶来救助时，却见王老板已从桥下爬了上来，且神志已清。据他说：昏昏沉沉时口渴，正好桥下有溪水，喝了不少，神志顿清。家人到桥下一看，发现有一种藤本植物爬满了岸边灌丛，水中散布着许多飘落的紫色花瓣，掬水饮之，清香满口。这一发现，一直流传到今。不仅花，葛的根和种子(名葛谷)也都有解酒的作用。

用途：葛的块根含淀粉，可食用或造酒、入药，有生津止渴之效。其花也入药，葛花主治酒伤发热烦渴，不思饮食、呕逆吐酸等症。《本草逢原》中记述曰"葛花，能解酒毒"。

豆科棘豆属多年生草本。花期6～8月。

分布于华北。北京北部、西部山地均有，生于海拔1500m以上山坡、草地或沟中，为明显的耐旱植物。

初夏，蓝花棘豆是亚高山草甸上开得最绚丽的野花之一。蓝色的、紫色的、白色的都有，不知道的人会认为它们是几种不同的野花。它虽是一种不高的小草，但凭着顽强的生命力，成了干旱及寒冷的亚高山地区较普遍的植物。

形态特征：几无地上茎。叶丛生，奇数羽状复叶，直立状，长达18cm，较窄；小叶17～41个，长圆状披针形，宽不过4mm，两面有柔毛。总状花序，花多数，疏生，花序长于叶；花冠紫红色、蓝紫色，偶白色，龙骨瓣有细短的喙。荚果长卵形，膨胀、有毛。

**156**

拉丁名：*Oxytropis coerulea*

英名：Skyblueflower Crazyweed

# 蓝花棘豆

**野外识别要点**：叶为丛生，直立。总状花序长于叶；花多数疏生状，紫红色；龙骨瓣顶端有小尖喙，此为豆科棘豆属的各个种皆有的特点。

**用途**：本种花鲜艳、植株耐旱，可以引种于山地干旱处作护坡及美化之用。

豆科苜蓿属多年生草本。花期6～8月。

分布于东北、华北及陕西、甘肃、四川等地。北京东灵山亚高山草坡多见。

花苜蓿是一种很好的饲料，尤其它的嫩枝叶。它喜生于山地草甸或荒地沟边，可以作为牧草种植，也可以做为荒山绿化的草种。

**形态特征**：高30～80cm。羽状三出复叶，顶生小叶倒卵形或长圆状倒披针形或更窄，先端圆或截形，基部楔形，常中部以上有锯齿，下面有伏生毛。总状花序腋生，总花梗细长，着花3～5朵；花黄色带紫色；萼钟状，旗瓣长圆状倒卵形。荚果扁平，长圆形，两面有网纹。

拉丁名：*Medicago ruthenica*
英名：Ruthenia Medic

# 花苜蓿

**野外识别要点：**苜蓿属大都为草本植物，它们的叶片是羽状三出复叶，小叶前半部的边缘有锯齿。根据这两点可以简单地把它们从豆科很多其他的属中区别出来。本种花黄色带紫色。荚果扁平。

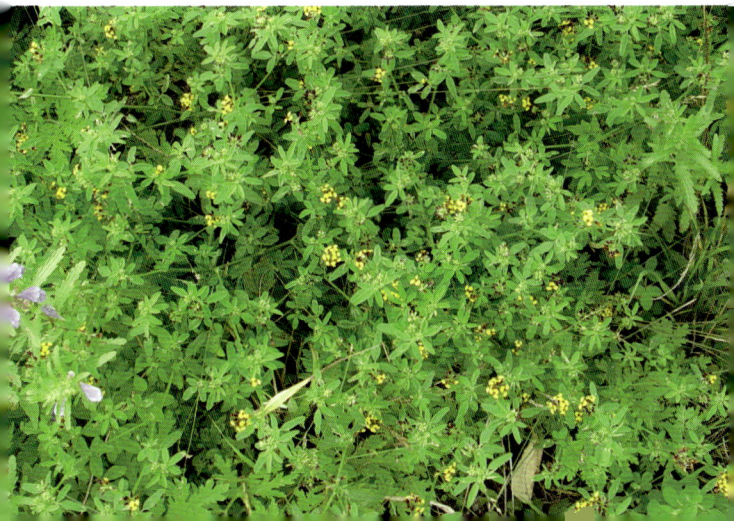

# 草本花卉

## 唇形花冠种类
## ——唇形科和玄参科

唇形科拉丁名：Labiatae　英名：Mint Family

玄参科拉丁名：Scrophulariaceae　英名：Figwort Family

　　如果看到的花是唇形花冠的，那么可以首先考虑可能是唇形科或玄参科的植物。其它科比较少见，初学者可以先不考虑。

　　唇形科和玄参科的花朵特征比较相似：花冠唇形，上唇2裂或不明显2裂，下唇3裂；雄蕊4个，2个较长，称为2强雄蕊。花色以紫色、粉紫色、蓝紫色、白色为多。

　　接下来是通过对茎和叶的观察来区分是这两个科中的哪个科。

　　在茎叶上，唇形科为较严格的茎四棱，叶对生，绝大多数为草本；玄参科则茎不明显四棱，叶多对生，也有互生或轮生的，除多为草本以外，也有灌木及乔木。

此外，还可以通过嗅觉来判断，撕破叶子一闻，唇形科植物有一股浓香味，似薄荷之香，很少无香味的。

唇形科的子房常4深裂，形成4小坚果。

玄参科的子房不4深裂，因此其果实不是4小坚果，而是蒴果。

有些初学者提出不知道怎样区别唇形花冠和豆科的蝶形花冠。因为粗看上去都是狭长的花冠，又好像都有5个"花瓣"，其中1个是带"帽子"的。

这里告诉大家一个最直观、简单的方法：

就是看花瓣是离生的还是合生的。即：是连在一起的，还是一瓣一瓣分开的。

唇形花冠由5个花瓣合生组成，花冠基部的花冠筒是连在一起的。花冠上部的裂片分上下唇，上唇多2裂，下唇3裂，有时上唇2裂不明显。

而蝶形花冠由5个离生的花瓣组成，旗瓣1，大形，翼瓣2，稍小，龙骨瓣2，顶部稍合生。

唇形花冠的筒部是联合的

161

唇形科香茶菜属多年生草本。花期6～9月。

分布于我国东北、华北地区。北京山区较多见，生于山坡、林下及草地上。

蓝萼香茶菜在幼年时容易和糙苏相混淆，它们的叶片初看很相似，但仔细观察后会发现，蓝萼香茶菜的叶基部为楔形，等到长大开花，二者的区别就一目了然了。

形态特征：植株高达1m以上。有疏毛。叶对生；叶片卵形、阔卵形，有腺点，基部楔形。聚伞花序有3～5花，组成疏松顶生的圆锥花序；花萼筒状，带蓝色，外被柔毛和腺点；萼齿5，二唇形，果时增大；花冠白色或蓝紫色，二唇形，上唇反折，先端有4裂，下唇呈舟形；雄蕊4；雄蕊和花柱伸至花冠外；有环状花盘。4小坚果，宽倒卵形。

拉丁名：*Rabdosia japonica var. glaucocalyx*
英名：Japan Rabdosia

# 蓝萼香茶菜

**野外识别要点：**
植株较高。叶较大，基部楔形。开花时花序成疏松、顶生的圆锥花序。花冠下唇呈舟形；花萼蓝色。

唇形科藿香属多年生草本。花期6~8月。

分布几遍全国。北京山区可见，习生于山沟阴地林下或水流边湿地。

藿香在中国古代是治胃病的要药。被用于很多药方中。为中成药"藿香正气丸"的主药。

由于它的花紫蓝色，美丽，而且能散发出类似于薄荷的香气，可以将其栽培于庭院中或引种于水边作观赏花卉。

形态特征：高可达1.5m。有香气。叶对生：卵形至卵状披针形，边缘有粗齿，基部微心形，下面有腺点。轮伞花序花多，组成顶生穗状花序；花萼管状，有齿；花冠紫蓝色，二唇形，上唇直立，下唇3裂，中裂片较大；雄蕊4，伸出花冠外；花柱端2裂。小坚果卵状长圆形。

# 藿香

**野外识别要点**：藿香与薄荷均为唇形科草本。不开花时因二者均有类似香气，故必须从叶片上区别。藿香的叶基部为浅心形，薄荷的叶基部楔形或近圆形。开花时则藿香花序顶生穗状；薄荷花腋生，有明显不同。

**用途**：藿香全草入药，有解暑化湿、行气和胃的功能。治中暑发热、头痛胸闷、食欲不振、恶心呕吐等。

玄参科婆婆纳属多年生草本。花期6～8月。

分布于我国东北、华北等地。北京各山区多见，生于山间草地、灌丛间或路边阳光充分的地方。

细叶婆婆纳叶条形；花序顶生，长穗状，并呈尾状，淡蓝紫色。它适应性强，可引种为庭院绿化植物与其它颜色野花混植。嫩叶为野菜，可炸熟以油盐调食。

形态特征：高达80cm。茎直立，常不分枝，偶上部分枝。叶下部的对生，上部的互生；条形至长椭圆形，上部有三角形锯齿；几无叶柄。总状花序顶生，长穗状；花淡蓝紫色，偶白色，4裂；雄蕊2，花丝伸出花冠外。蒴果卵球状。

唇形科

**166**

拉丁名：*Veronica linariifolia*
英名：Linearleaf Speedwell

# 细叶婆婆纳

用途：地上部分全草入药，有清肺、化痰、止咳、解毒的作用。治慢性气管炎、咳吐脓血；外用治皮肤湿疹、疖痈疮疡。

玄参科松蒿属一年生草本。又称小盐灶草。花期6～8月。

分布几遍全国。北京各低山区均有,习见于沟谷草地、山坡、路边。

松蒿是一种分布很广泛的野花。生长在高海拔湿润地带的松蒿花叶均鲜嫩、娇美;而干燥山坡上的松蒿, 花色要更红一些, 叶、茎也略带紫红色。

**形态特征:** 高不过60cm。全株有腺毛。叶对生;三角状卵形或卵状披针形,长2～5cm,宽1～3cm,茎下部叶羽状全裂;中上部叶羽状深裂至浅裂,裂片边缘有牙齿;茎上部叶腋生。花萼钟状,裂片5;花冠粉红色,二唇形,上唇2裂较短,下唇3裂,2皱褶上有白色长柔毛;雄蕊4。蒴果卵球形,密生腺毛和短毛。

拉丁名：*Phtheirospermum japonicum*
英名：Japanese Phtheirospermum

# 松蒿

唇形科益母草属二年生草本。花期7～8月。

分布几遍全国。北京平原、山区习见，生路边、山坡、山沟、公园里也有。

益母草全草入药，有调经活血的作用，是妇科良药。李时珍在《本草纲目》中记载："……其功宜于妇人及明目益精，故有益母之称"。

形态特征：高可达1m以上。茎四棱。茎中部叶3全裂，裂片又羽状分裂，裂片全缘或有稀少牙齿。轮伞花序腋生；花的苞片针刺状；花萼管状，有5个刺状齿；花冠粉红或淡紫红色，二唇形，上唇圆直伸，下唇3裂；雄蕊4，生花冠内壁；花柱端2裂。4小坚果。

唇形科

# 益母草

　　印度尼西亚华侨中较穷苦的种田人家，有妇女产后即采益母草熬水喝，以愈产后的习俗。效果显著，产后妇女有不满月即可下田干活者。

相似种细叶益母草(*Leonurus sibiricus*)叶裂细，且茎的顶部的叶也裂（益母草茎顶部叶不裂）；花比益母草的花大一些。细叶益母草全草也入药，功效同益母草。细叶益母草生于海拔800～1000m山区。北京山区较多，平原不见。

细叶益母草

拉丁名：*Dracocephalum moldavica*
英名：Fragramt Greenorchid

# 香青兰

唇形科香青兰属一年生草本。又称枝子花。花期7～8月。

分布于我国东北、华北、西北等地。北京山区多见，在较高海拔地区山沟的公路边成片生长，干燥山坡上也有。

**野外识别要点：**叶片边缘的锯齿齿尖常有细长的芒状毛。

**用途：**香青兰地上全草入药。有清热解表，凉肝止血的功能。治感冒、头痛、衄血、气管炎哮喘等。

**形态特征：**茎直立。基生叶卵状三角形，边缘有圆齿；茎生叶较狭，披针形或条状披针形，叶缘有疏锯齿、叶基部2齿有长刺。轮伞花序生茎上部；苞片披针形，有小齿；花萼5裂，先端刺状；花冠淡蓝紫色，长达2.5cm，二唇形，上唇微裂，下唇3裂，中裂片2裂，有紫色斑点；雄蕊4，稍外伸。4个小坚果长圆形。

拉丁名：*Salvia miltiorrhiza*

英名：Redroot Sage

# 丹参

唇形科鼠尾草属多年生草本。花期7～9月。

分布于我国东北、华北、华东至南方许多地区。北京山区多见。

　　丹参的花十分有趣：它的两个雄蕊由于药隔伸长后，两个药室分隔开，其中一个退化而成杠杆形。能育的药室位于药冠上唇内，退化的一端位于花冠基部。当昆虫来采蜜时，头部钻入花冠管内触动了退化药室那一端，经杠杆作用，能育药室便弯下来扑打在虫体背部，将花粉抹在虫体上。当带花粉的昆虫进入另一朵花的花冠口部时，花柱从上唇内弯下来位于花冠口部处，其背上的花粉就自然抹在柱头上，达到了异花传粉的效果。

**形态特征**：根肥厚肉质，朱红色，里面白色。茎高达80cm；密生长柔毛。奇数羽状复叶对生：小叶3～5个，偶7个；小叶片卵形或稍长，两面有毛。轮伞花序多朵花，组成顶生总状花序或腋生，花序密生腺毛及长柔毛；花萼钟形，紫色，外有腺毛；花冠蓝紫色，较大，二唇形，上唇镰刀形，下唇3裂，短于上唇；能育雄蕊2枚，伸至上唇内；花柱外伸，不等2裂。4个小坚果。

**用途**：根入药，有祛瘀生新、活血通经的功效。治月经不调、神经衰弱、失眠心悸、关节疼痛等。

　　糙苏又称苏子，是山区阔叶林、杂木林林间的伴生野草。常成片生长，较多见。糙苏叶的基部浅心形或圆形，与蓝萼香茶菜不同，后者的叶与前者叶大小差不多。但后者叶基部下延不呈心形或圆形。

形态特征：高可达1m以上。茎直立，有分枝。叶对生，叶片近圆形、卵圆形或稍窄，长达12cm，宽达12cm，基部浅心形或圆形，边缘有钝齿，两面有疏毛。轮伞花序；花萼筒状，外生星状毛，5裂，有刺尖；花冠粉红色，二唇形，上唇外有绢状毛，下唇密生绢状柔毛；雄蕊4，内藏。4小坚果。

拉丁名：*Phlomis umbrosa*
英名：Jerusalemsage

# 糙苏

唇形科糙苏属多年生草本。花期7~8月。

分布北自辽宁，南到广东，西至贵州、四川。北京山区多见，生于山地湿润山沟和山坡阴处。

用途：糙苏的全草或根入药。有祛风活络、强筋壮骨的作用，治风湿关节痛、疮疖肿毒。

唇形科

拉丁名：Labiatae

英名：Mint Family

唇形科中国有98属约800种。

唇形科的花朵特征突出：花冠唇形，上唇2裂或不明显2裂，下唇3裂；雄蕊4个，2个较长，称2强雄蕊；子房常4深裂，形成4小坚果；花色以紫色、白色为多。

唇形科绝大多数种类为草本植物，亚灌木极少。唇形科茎常呈四棱形；叶常对生；不开花时，可通过其茎叶辨认。此外，还可以通过嗅觉来判断，撕破叶子一闻，有一股浓香味，似薄荷之香，很少无香味的。

唇形科有许多重要药用植物：如丹参、黄芩、荆芥、紫苏、益母草、夏枯草、薄荷等。

# 风轮菜

唇形科风轮菜属多年生草本。花期7～8月。

分布于华北至南方各地。北京山区可见。

**用途：**全草入药，可疏风、清热、解毒、止痢、止血。内服治感冒、中暑、痢疾、肝炎；外用治疮疖肿毒、皮肤搔痒、外伤出血。

风轮菜为山区林间阴湿地生长的野花。它的花虽也为淡紫红色，但叶非掌状裂；轮伞花序生于分枝上部，而不是叶腋，与益母草有明显区别。

**形态特征：**高可达1m。茎上部分枝。叶对生，卵圆形，长2.4cm，基部圆形或宽楔形，边缘有圆齿状锯齿。轮伞花序花多密生；苞片针状；花萼管状，红紫色，二唇形，上唇有3齿，端有硬刺，下唇2齿，端有芒尖；花冠紫色，二唇形，上唇直，下唇3裂；雄蕊4，前对稍长。小坚果倒卵形。

拉丁名：*Scutellaria baicalensis*
英名：Skullcap

# 黄芩

唇形科黄芩属多年生草本。花期7～8月。

分布于我国东北、华北及河南、陕西、山东等地。北京山区多见，喜生于向阳干燥山坡。

用途：黄芩的根入药，可治上呼吸道感染以及肠胃炎。北京农村老百姓用其叶代茶叶。

野外识别要点：叶披针形；对生。花序顶生；花冠紫红色或蓝色；花萼二唇形，结果时闭合，其上裂片在背面有一个增大了的盾片。

形态特征：根肥厚。单叶对生；叶片披针形或条状披针形，全缘；下面有密生而下陷的腺点。总状花序顶生并聚成圆锥状；花萼二唇形，在结果时闭合，上裂片在背面上有一个盾片；花冠紫色、紫红色或蓝色，二唇形；雄蕊4，稍外露，前对较长；子房4深裂。4小坚果，卵圆形，有瘤。

　　木本香薷是一种介于草本和灌木之间的种类。刚长出的植株茎纤细似草本，多年生长后呈明显的小灌木状。木本香薷花未全开时，花序呈线毛状。有时见有白色花的植株。

**形态特征:** 茎上部分枝多；有浓香。叶对生；披针形或椭圆状披针形，边缘有粗锯齿，下面密生凹形小腺点。顶生穗状花序中有无数轮的轮伞花序，略偏于一侧；花淡紫红色，二唇形；雄蕊4，前对外伸。4小坚果，椭圆形，光滑。

拉丁名：*Elsholtzia stauntoni*
英名：Wood Elsholtzia

# 木本香薷

　　唇形科香薷属亚灌木。花期7～9月。

　　分布于我国华北及陕西、甘肃、河南等地。北京各山区均见，习生于石质山坡、山沟道旁干燥地。

用途：木本香薷叶有浓香，含芳香油，可提取香料。

野外识别要点：顶生穗状花序，具唇形花冠，花淡紫红色。主茎木质非草本。多生于山沟路边干燥处。

拉丁名：*Salvia umbratica*
英名：Shady Sage

# 荫生鼠尾草

唇形科鼠尾草属多年生草本。花期7～9月。

分布于我国河北、山西、陕西、甘肃等地。北京山区有分布，生于山坡、谷地和路旁，尤其喜欢在山沟荫湿处林下生长。

本种的花总是2朵并生，每朵花中有2枚杠杆形的雄蕊，花的雌雄蕊不同时成熟，雄蕊熟时花柱内藏；雌蕊熟后，花柱才向外弯出。鼠尾草属(*Salvia*)各种(我国有70多种)的花均有这种结构，如前面介绍的丹参。

形态特征：高过1m。茎直立；有长柔毛，杂有腺毛。叶对生；三角形，先端呈尾状渐尖，基部戟形或心形，叶缘有牙齿，上面有长柔毛，下面脉上有长柔毛，脉间有黄褐色腺点。轮伞花序每轮有2花，组成腋生或顶生总状花序，花疏离，花序轴有黏腺毛；花萼二唇形；花冠蓝紫色，二唇形，下唇比上唇短而宽，3裂；能育雄蕊2个，伸入上唇之内，不外露；花柱外伸或与上唇花冠等长。小坚果椭圆形。

拉丁名: *Scutellaria sordifolia*
英名: Twinflower Skullcap

# 并头黄芩

**用途**: 其叶可代茶，全草入药，有清热解毒、利尿作用，可治肝炎、跌打损伤。

唇形科黄芩属多年生草本。花期6～8月。

分布于东北、华北、西北地区。北京山区有分布，生于背阴、潮湿的山坡、谷地、路旁。

**形态特征**: 高约35cm。叶对生；单叶，三角状狭卵形或披针形；叶边缘多有浅牙齿，极少近全缘。花成对单生茎上部叶腋，偏向一侧；小苞片针状；花冠蓝紫色，二唇形，上唇微凹，下唇3裂；雄蕊4，内藏；子房4深裂；花柱细长，端微裂。小坚果有疣状突起。

唇形科筋骨草属多年生草本。花期6～8月。果期7～9月。

分布于河北、山西、甘肃、青海、四川等地。北京东灵山、百花山高海拔山地（1800m以上）均有。

当你在北京东灵山爬到1800m以上时，草地上有一种草，茎上部有好多白色或淡绿白色的苞片层层相叠的，形象异样，会引起你的注意，那就是白苞筋骨草。

*形态特征：* 高不过25cm。叶对生，长圆状披针形，稍有波状齿。花序顶生，穗状；苞片大，绿白色或黄白色；花冠白色，白绿色或黄白色，有紫斑，二唇形；雄蕊4，外伸。4小坚果。

拉丁名: *Ajuga lupulina*
英名: Whitebracteole Bugle

# 白苞筋骨草

白苞筋骨草在东灵山已经比较少见了，在河北省其他山地的同样海拔高度，还比较多见。

用途: 全草入药，解热消炎，活血消肿。

唇形科岩青兰属多年生草本。花期7~9月。

分布于辽宁至华北、西北。北京1400m以上山地草坡、山脊干燥处多见。

岩青兰因常生长在岩石裂隙中而得名。它在北京山区一般生长在海拔1400~2000m的山地。岩青兰的叶片可以代茶用，嫩叶最好，民间称"毛尖茶"。

形态特征：叶片三角状卵形，两面有疏柔毛；基生叶有长叶柄，茎中部叶柄较短，上部叶柄极短；叶片边缘有浅锯齿。轮伞花序多成头状；苞片倒卵形，边缘的齿有刺；花萼带紫色；花冠紫蓝色，二唇形，上唇微裂，下唇3裂，中裂片小。4小坚果。

# 岩青兰

**野外识别要点**：矮生草本。叶较大而厚，有毛，三角形。花深紫蓝色，花冠二唇形。生中山以上干燥山地、岩石山坡。

**用途**：全草入药，可解热消炎，主治风湿头痛、咳嗽、胸胀。

野外识别要点：茎直立，不太高。叶对生，二回羽状全裂，裂片条形。总状花序顶生；花萼筒状，有10脉；二唇形花冠，上唇带紫色，下唇鲜黄色；雄蕊4。蒴果长圆形。

玄参科阴行草属一年生草本。又称阴行草。花期7～8月。分布几遍全国。北京山区习见，生于山坡、路边荒地。

传说南北朝时，有个皇帝叫刘裕，字寄奴。一次他带兵追赶逃敌，来到一密林深处，见一条大蛇挡路。刘裕射去一箭，大蛇爬走了。次日刘裕派兵再去原地察看，听见林中有声，原来几个童子正在捣药。询问之，童子答曰："我们大王昨日被刘裕利箭所伤，现捣药为他敷治"。兵士赶走童子，取回白中的药，用以治疗伤兵，无不见效。兵士们就叫这药为刘寄奴。

# 刘寄奴

玄参科

拉丁名：Scrophulariaceae　英名：Figwort Family

玄参科中国有57属600多种。

玄参科的特征有好多与唇形科相似，如在花的形态结构上，玄参科也是花冠唇形，上唇2裂或不裂，下唇3裂；雄蕊4个，2个较长，称二强雄蕊。但玄参科的子房不4深裂，因此其果实不是四小坚果，而是蒴果。要特别注意这一点。

在茎叶上，唇形科为较严格的茎四棱，叶对生，绝大多数为草本；玄参科则茎不明显四棱，叶多对生，也有互生或轮生的，除多为草本以外，也有灌木及乔木。

玄参科有著名药用植物玄参、地黄、刘寄奴；著名花卉金鱼草、荷包花、毛蕊花；著名速生树木泡桐。

**用途**：全草入药，有清热利湿，凉血止血、祛瘀止痛的功能，自古即被认为是破血上品、金疮要药。

**形态特征**：高可达0.5m。茎直立；干时变黑色，密生锈色短毛。叶对生；几无叶柄；二回羽状全裂，裂片狭条形。总状花序顶生，花多朵：花萼细筒状，长约10mm，有10条纵脉；花冠管状，口部二唇形，上唇微紫色，下唇3裂，黄色；雄蕊4，内藏。蒴果长圆形。

玄参科山萝花属一年生草本。花期7~8月。

　　分布于全国大部分地区。北京各山区均有，生于山地林下或林间草甸中。

　　当你在爬山途中，停下来休息时，是否注意过路边草丛中美丽的山萝花。山萝花的植株不高，以至于经常被高草掩没，不过只要稍加注意，还是能发现万绿丛中探出头来的串串玫瑰红色的小花。它的色彩艳丽，玲珑耐看。

形态特征：茎直立。叶对生，卵状披针形或更狭，先端渐尖，基部圆钝或楔形，长达6cm，全缘；叶干后暗绿色至黑色；叶柄极短。总状花序：位于花部的苞片形状大小与叶同；上部的苞片变小，苞片基部有尖齿或全部边缘有芒状齿；花冠玫瑰红色，上部二唇形，上唇呈凤帽状，下唇3齿裂。蒴果。

玄参科

拉丁名：*Melampyrum roseum*
英名：Rose Cowwheat

# 山萝花

**野外识别要点**：叶对生，干后暗黑色；苞片基部有尖齿或边缘有芒状齿；花紫红色，二唇形，上唇风帽状。

**用途**：有文献记载山萝花为半寄生草本，但其寄主是什么植物未有详细报道。

全草及根入药，清热解毒。治痈肿疮毒。

玄参科马先蒿属多年生草本。又称马先蒿。花期6~8月。

分布于东北、华北以及华东、西北各地。北京各山区皆有，生于山坡林下、草甸和沟谷中。

马先蒿属的特点是花冠二唇形，上唇盔状，先端多伸出或长或短的喙，下唇三裂。返顾马先蒿的花冠紫红色，扭转使下唇及盔成回顾之状，由此得名。

**形态特征：** 茎直立，高不过70cm。叶互生，披针形或长圆状披针形，长达8cm，边缘有羽状缺刻状重锯齿，两面无毛或有疏毛。总状花序：花萼长卵圆形，萼齿2；花冠淡紫红色，管部长达1.5cm，直伸，自基部起向右扭旋，使下唇及盔部成回顾之状，有短喙，下唇3裂；雄蕊4；柱头从喙端伸出。蒴果。

拉丁名: *Pedicularis resupinata*
英名: Resupinate Woodbetony

# 返顾马先蒿

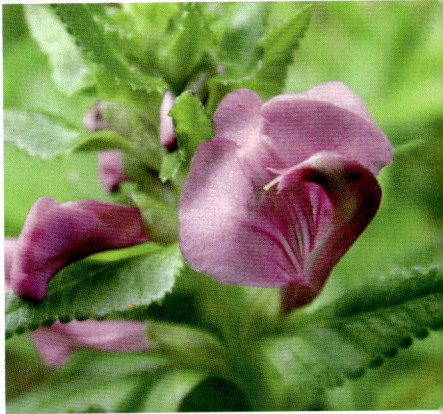

**野外识别要点**: 叶片边缘有缺刻状重锯齿。花冠紫红色，扭转，使下唇及盔成回顾之状。

**用途**: 根入药，可祛风湿、利尿，治风湿性关节炎、关节疼、尿路结石、小便不畅。

本种花形奇特，花色好看，可供观赏。可试用种子繁殖。

玄参科马先蒿属一年生草本。花期7～8月。

分布于东北、华北、西北及湖北、四川等地。北京百花山、东灵山山坡草地有分布。

穗花马先蒿的穗状花序顶生；花冠的盔前端不伸长成喙；花萼短钟状，萼齿3裂。花形、花色均美。生于海拔1300 m以上山坡草地、林缘。

形态特征：高30～45cm。叶4个轮生；叶片长圆状披针形或条状披针形，羽状浅裂至中裂，边缘有刺尖及锯齿。穗状花序顶生；花萼短钟状，萼齿3；花冠紫红色，长约1.5cm，筒部在萼口处向前方成直立或向前屈曲，下唇长于上唇之盔约2倍；雄蕊4。蒴果。

拉丁名：*Pedicularis spicata*
英名：Spicate woodbetony
# 穗花马先蒿

红纹马先蒿

**野外识别要点**：叶4枚轮生，叶片狭，羽状浅裂至中裂，花冠的盔不伸长成喙，下唇长于盔2倍以上。近缘种红纹马先蒿（拉丁名：*Pedicularis striata*）叶羽状深裂或全裂，裂片条形，边缘有浅齿，叶轴有翅。花黄色，有红脉纹。分布于东北、华北，北京各山区较多。

**用途**：花色美丽，可引种入庭园。但其种子能否发芽需深入研究。

玄参科马先蒿属一年生草本。花期7~8月。

分布于河北、山西、甘肃、青海等地。北京百花山、东灵山均有，生于海拔2000m的草坡中。

马先蒿属是虫媒花中极特化的类群。这个属中的植物都是靠昆虫传粉的。它们各个种的花冠形态，都与长吻昆虫传粉有密切关系。

形态特征：茎柔弱。叶互生；叶片披针状长圆形至条状长圆形，羽状浅裂至中裂，裂片7~13对，长圆形，端钝，边有重锯齿。花萼管状，长达1.8cm，有白色长毛，萼齿2，先端叶状，绿色；花冠黄色，管部狭细，长达4.5cm；盔部前端渐细，具半环状长喙，长达1cm，下唇3裂。蒴果。

玄参科

**194**

拉丁名：*Pedicularis chinensis*
英名：China Woodbetony

# 中国马先蒿

　　中国是马先蒿种类最多的国家。全世界马先蒿属的种多达500～600种。中国产300多种。顾名思义，中国马先蒿是中国特产的种类。

**野外识别要点：**叶狭窄，羽状浅裂至中裂，裂片长圆卵形，边有重锯齿。花冠黄色，管部细长达4.5cm。盔部前端半环状弯曲。

玄参科马先蒿属一年生草本。花期7～8月。

分布于河北、山西、内蒙古等地；北京百花山、东灵山均有，生于1800～2300m亚高山草甸中。

华北马先蒿花色艳丽，在草甸上非常醒目。它的盔半圆形弯曲，喙向下，像个尖尖的钩子。

从名称上可以看出这种花特产于华北地区。

形态特征：高20～40cm。中上部有2～4轮轮生分枝。叶常4枚轮生；叶片长圆形或披针形，羽状全裂，裂片披针形，再羽状浅裂或深裂。花序生枝端，苞片叶状；花萼膜质膨大，萼齿5，外有白毛；花葶紫色，盔半圆形弯曲，喙向下，下唇3裂。蒴果。

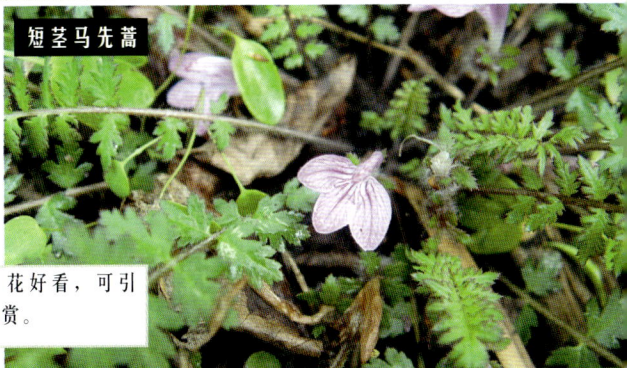

短茎马先蒿

**用途**：花好看，可引种供观赏。

**野外识别要点**：叶4枚轮生，叶片羽状全裂，裂片再羽状浅裂或深裂。花堇紫色。盔呈半圆形弯曲。近缘种短茎马先蒿（拉丁名：*Pedicularis artselaeri* ）地上茎极短，1至数个簇生。羽状复叶或近顶端为深裂，小叶卵形，常多达8～14对。花冠紫色，具长柄。分布于河北、山西、陕西、四川、湖北等地。北京密云县坡头、昌平有见。

玄参科柳穿鱼属多年生草本。花期6～8月。

分布于东北、华北及山东、河南、江苏、陕西、甘肃。原产欧亚大陆北部温带，生沙地、山坡草地及路边。北京曾在天坛有发现。河北坝上草原多见。

这种野花奇异处在于花冠有个细距，好像吊个尾巴一样。柳穿鱼为虫媒植物，距内有蜜腺，可吸引长吻昆虫为之传粉。

形态特征：高达50cm。叶互生，少数下部轮生；叶片条形，较窄，长达5cm。花序总状顶生，花多；花萼5深裂；花冠黄色，长10～15mm，距长5～10mm，花冠上唇直立，2裂，下唇3裂，在喉部向上隆起，封住喉部，呈假面状；雄蕊4。蒴果卵球形。种子黑色。

拉丁名：*Linaria vulgaris*
英名：Yellow Toadflax

# 柳穿鱼

**用途：**可引种作观赏植物。全草入药，清热解毒，利尿。据《全国中草药汇编》，可治黄疸、小便不利，外用治痔疮。

# 草本花卉

## 其它科

这部分介绍其它科的草本花卉。

这些科中虽然也有一些是特征比较明显的，比如伞形科、十字花科、石竹科等，但由于种类比较少，就不单独介绍了。还有一些科，种类比较多，比如蔷薇科、毛茛科，但特征比较复杂，初学者不好把握，所以也不做单独介绍。

对于所有其他科的这些种类，我们都以花朵直径（或花冠的长度）为基准把花分成大、中、小3类。之后，在每一类中再将花按照颜色，如蓝、粉红、黄、白等依次分类。

这样，读者在野外看到一种花后，可以先判断它属于哪一种类型，然后根据"花色目录"找到相应的页面，然后再在同类色的范围中辨别查找，很快就可以找到了。

存在的问题是：植物个体之间是有差异的，这样分也会有些例外。有些花可能有时不好判断：是大型还是中型，或者是中型还是小型，那么，如果在这类中没有查到，只能到另一类中去再找一下。比如委陵菜的花，有些种花大些，有些种花小些，本书中为了对比方便，就都放在中型花里了。再比如，金莲花的花有时也长得很大，但在本书中还是按照一般的个体大小放在中型花里了。

同样存在的问题是：花朵的色彩也是有变化的。有的花色彩在白色、粉色和蓝紫色之间，这时候各人看到的或各人的判断也会是不同的。淡黄色和白色也是同样。所以就需要读者如果在这类中没有查到，就到另一类中去查一下。

最后是绿色或杂色花的种类。这一类包括各种大小的绿色或杂色花。除了绿色花之外，还有一些带花纹的、带斑点的以及比较不好判断是什么颜色的花都放在最后这部分了。

还有一点需要说明的是，一些种类在本书中限于篇幅，是作为近缘种介绍的。它们的位置还是和主要种放在一起了。比如黄花列当是放在列当里介绍的，它的位置也就排在蓝紫色的小花里了。凡此，同样。

牻牛儿苗科牻牛儿苗属一或二年生草本。又称太阳花。花期4~5月。

分布于我国东北、华北、西北、华中及云南等地。北京山区、平原均多，生于山坡荒草地、路边和村舍附近。

牻牛儿苗是常见于村舍、住宅区附近的一种杂草。它可以药用，全草入药，有祛风湿、强筋骨的功效。

**形态特征：** 高不超过50cm。茎多斜升，分枝多。叶对生，有托叶；叶二回羽状深裂，羽片2~7对；小羽片狭条形，有粗齿，两面有柔毛。伞形花序腋生，有2~5花；萼片长圆形，端有芒尖；花瓣5，淡紫色或蓝紫色，倒卵形；雄蕊10个，其中仅5个有花药。蒴果先端有长喙，熟时5个果瓣与中轴分离，喙部呈螺旋卷曲。

202

拉丁名：*Erodium stephanianum*
英名：Heronbill

# 牻牛儿苗

牻牛儿苗科

拉丁名：Geraniaceae

英名：Cranebill Family

　　牻牛儿苗科中国有10属200多种。

　　本科主要特征为：多草本，少亚灌木。叶互生或对生，有托叶。萼片4～5；花瓣5，少4；雄蕊5或为萼片的2倍，有时部分雄蕊无花药；子房上位，3～5室，每室1～2胚珠。蒴果有长喙，熟时由基部开裂，但顶部与心皮柱连结，每果瓣含1种子。北京地区野生只产2属，其中老鹳草属有5种，其叶掌状裂，雄蕊10个，全发育，果熟时，喙部自下向上反卷等特征。牻牛儿苗属的叶为二回羽状深裂；只有5个雄蕊有花药；成熟果喙部仅由下向上反转，不作螺旋卷曲。

十字花科香花芥属二年生草本。花期5～7月。

分布于我国东北、华北至山东等地。北京西部、北部山区均有，生于海拔约1400m山地的山沟中。

香花芥在野外较少见。北京山区不太容易找到，但在门头沟区小龙门森林公园西部与河北省交界处的垭口附近，你如果6月间去，在近山的沟中准能见到它。

形态特征：高约50～60cm，矮者仅10cm。茎直立，上部分枝或不分枝。茎生叶长圆状椭圆形或狭卵形，长2～4cm，边缘有齿齿；叶柄短。总状花序：花小，直径约1cm；紫色；萼片狭；花瓣倒卵形，有长爪，有蜜腺。长角果狭细，直立，长4～6cm，不裂，无毛；种子1行。

拉丁名：*Hesperis trichosepala*

英名：Rocket

# 香花芥

雾灵香花芥

**用途：** 本种的花紫色，有观赏价值，可以引种于公园。

近缘种雾灵香花芥(拉丁名：*Hesperis oreophila*)茎生叶卵状披针形或卵形，长4～15cm，花较大，直径1.5～3cm。长角果有短腺毛。而香花芥的叶较小；花较小；长角果无毛。

雾灵香花芥分布于我国东北、河北、内蒙古等地。花期6～7月。在河北兴隆县雾灵山莲花池(海拔1800m)的林缘草地随处可见。北京密云山区也有。雾灵香花芥花紫色，植株较粗壮而高，可引种于公园作观赏花卉。

**野外识别要点：** 花小，紫色；总状花序顶生。果为长角果，直立或斜上升，长4～6cm。

毛茛科翠雀属多年生草本。花期6~9月。

分布于东北、华北西至四川、云南、宁夏等地。北京山区多见，生于海拔300~2200m山坡草地。

翠雀的花色是一种非常美丽的，很纯的深天蓝色，使人联想到蔚蓝的天空。

形态特征：基生叶和茎下部叶有长叶柄；叶圆五角形，掌状3全裂，裂片又狭细裂，末回裂片条形，宽不超过2mm。总状花序顶生和腋生，有花多朵；萼片5，蓝紫色，外被短毛，上萼片下部延成一细距，距比萼长，钻形，长达2cm；花瓣2，蓝色，有距，此距伸入萼的距中，有分泌组织；退化雄蕊2，蓝色，瓣片宽倒卵形，微凹，有黄色髯毛，雄蕊多数；心皮3。蓇葖果。

拉丁名：*Delphinium grandiflorum*
英名：Largeflower Larkspur

# 翠雀

　　它的花蜜藏于长长的距中，非长吻昆虫采不到。这样可以节省蜜源，并保证异花传粉的效果。这种结构的花是毛茛科植物中适应虫媒的极进化的类型。

　　翠雀与飞燕草的区别在于：飞燕草属于飞燕草属。无退化雄蕊；2花瓣合生；心皮1。

**用途**：翠雀有毒，应谨防入口，牲口也不能食。全草可入药，外用治痔疮，亦可作杀虫剂。

在草甸中，偶尔可见到翠雀的重瓣化个体，这也可以看出栽培花卉的形态变异是在自然条件下产生的。

牻牛儿苗科老鹳草属多年生草本。花期6~8月。

分布于我国东北、华北至西北等地。北京百花山、东灵山有分布，生于海拔1600m以上的草甸、林缘、林内。

粗根老鹳草的花比鼠掌老鹳草的花大一些，叶的裂片窄，花丝无毛。是一种普通的林下小草。

形态特征：根肉质纺锤形。茎高不过0.5m。叶对生，有叶柄；叶片肾状圆形，长达4cm，5~7掌状深裂，裂片狭窄，呈窄倒披针形，有羽状小裂片。花序顶生和叶腋生；多为2花；有长梗，花梗纤细；萼片卵形；花冠淡紫色，径达1.5cm。雄蕊10，均能育。蒴果熟时，果瓣与中轴分离，喙部向上反卷。

拉丁名: *Geranium dahuricum*
英名: Dahur Cranebill

# 粗根老鹳草

　　老鹳草的果实形态特殊，向上反卷，是传播种子的一种适应。

用途: 老鹳草带果实的全草入药，称"老鹳草"。有祛风、活血、清热解毒之功。治风湿疼痛、肠炎、痢疾。鼠掌老鹳草、粗根老鹳草的药用价值同老鹳草，老鹳草属的植物在世界各地都不乏有药用价值的记载。

毛蕊老鹳草也是开花较早的一种山林野花，于6月初即可见到。它的果实端部有长喙，从这一点可以看出是牻牛儿苗科的植物。它的花在老鹳草属中算大的，颜色和姿态都很美。因为它花丝基部扩大部分有长毛，所以叫"毛蕊老鹳草"。

**形态特征**：茎较粗，有分枝。茎生叶互生，掌状5裂，质地厚，裂片菱状卵形，边缘有羽状缺刻或粗齿，有毛；基生叶有长柄。聚伞花序顶生，花序梗有腺毛，2~3个出自叶状苞腋，端有2~4朵花；萼片卵形，有腺毛；花大，花冠蓝紫色，花瓣宽倒卵形；花丝基部扩大部分有长毛。蒴果有腺毛和柔毛。

拉丁名：*Geranium platyanthum*
英名：Broadflower Cranebill

# 毛蕊老鹳草

牻牛儿苗科老鹳草属多年生草本。花期6～8月。

分布于我国东北、华北、西北等地。北京有分布。生于海拔1900～2000m左右的阔叶林下。

**野外识别要点**：毛蕊老鹳草与粗根老鹳草的区别是前者的叶裂片宽；后者的叶裂片狭窄。前者的花大，直径可达3cm以上；后者的花直径约 1.5cm。前者的雄蕊花丝扩大部分有长毛；后者花丝无毛。

用途：根入药，有止血、祛痰、镇静的作用。治衄血、咳血。

花葱科花 葱属多年生草本。花期6～7月。

分布于我国东北至华北各地。北京有分布，生于亚高山草甸或山沟中。

花葱生于亚高山草甸，它的花茎较高，伸出草丛，花色和姿态都非常美丽，颇具观赏价值。而且叶形特别，羽状复叶的小叶与叶轴成直角生。不过，它的花期较早，如果你在暑假期间上山，就可能看不到它美丽的身影了。

形态特征：茎直立，高达80cm。奇数羽状复叶；互生；基生叶及茎下部叶有长叶柄；小叶11～25个，披针形或卵状披针形，与叶柄垂直生，狭窄，宽3～11mm，基部圆形或楔形。聚伞状圆锥花序顶生或腋生，多花疏生；花梗有腺毛；萼5裂；花冠钟状，蓝紫色或蓝色，裂片倒卵形；雄蕊5，生于花冠管基部；子房上位，球形，柱头3裂。蒴果球形。

拉丁名：*Polemonium coeruleum*

英名：Polemonium

# 花葱

**野外识别要点：**奇数羽状复叶，小叶卵状披针形或披针形，叶柄长，小叶基部楔形至圆形，无托叶。花冠钟状，5裂片旋转式排列，淡蓝色。

花葱科

拉丁名：Polemoniaceae

英名：Phlox Family

花葱科中国有2属5种。本科均为草本，有根状茎。叶互生；掌状或奇数羽状复叶或全裂，也有单叶；无托叶。花萼5裂，钟状或管状；花冠5裂，旋转式排列；雄蕊5，生花冠管上，与花冠裂片互生；子房上位，3室，柱头3裂，胚珠多，有花盘生于房基部。蒴果室背开裂，种子多。

本科虽在花冠裂片旋转式排列上近似旋花科，但它是直立草本而不是草质藤本可以区别。它与茄科虽然都是直立草本，花被5数，花近似喇叭形，且雄蕊5，生于花冠管上；但茄科的子房2室为多，柱头2裂；花葱科则子房3室，柱头3裂。

花葱科栽培花卉有天蓝绣球（又称福禄考）。

列当科列当属一年生寄生草本。花期6～8月。

分布于东北、华北及陕西、四川、山东等地。北京山区可见，山沟干燥处常可找到。

用途：全草入药，有补肾壮阳之功。

列当为寄生植物，靠吸收寄主的营养生存，不必行光合作用，故其绿叶全部退化成小鳞片状，全身无绿色。当发现列当植株于地面时，如小心挖开泥土可以"顺藤摸瓜"看见它寄生在寄主植物的根上。列当的主要寄主为菊科艾蒿类绿色草本植物。

形态特征：茎不分枝，高约10～30cm。茎圆柱形，黄褐色。叶鳞片状；互生。穗状花序顶生；苞片卵状披针形；花萼2深裂，裂片再2尖裂；花冠二唇形，淡紫色或蓝紫色，上唇微凹，下唇3裂；雄蕊4，2个较长，生花冠内壁。蒴果。种子小而多。

# 列当

**列当科**

拉丁名：Orobanchaceae

英名：Broomrape Family

列当科中国有10属49种，北京有1属2种。

本科为一年生或为多年生寄生草本。全株无叶绿素，叶退化呈鳞片状，互生。花序穗状或冠状；花不整齐；花萼2～5深裂；花冠5裂呈二唇形，上唇2裂，下唇3裂，花冠筒常弯曲；雄蕊4，2强，生花冠筒上；心皮2，子房上位，1室，侧膜胎座。蒴果。种子细小。

本科北京野生种有列当和黄花列当。

黄花列当

近缘种黄花列当（拉丁名：*Orobanche pycnostachya*）花序密穗状，有腺毛，花冠淡黄色或近白色，与前种可别。北京分布极多，全国分布也广。喜寄生于菊科蒿属种类的根上。山沟、山坡草地上均有。

　　罂粟科紫堇属多年生矮草本。小药巴旦子这个名字源于河北东陵的地方名。又称土元胡、元胡、北京元胡。花果期4～6月。

　　分布于河北、山西、山东、江苏、安徽、湖北、陕西和甘肃东部。北京西山有分布，多见于海淀小西山、门头沟九龙山。

　　小药巴旦子这个名字让人联想起小山药蛋，这是对它的块茎的描述。紫堇属分得比较细，我国约有300种。这个种曾与全叶延胡索、长距延胡索混淆。

**形态特征：** 有球形块茎，棕黄色。1～3回三出复叶；小叶长圆形、倒卵形、全缘，有时浅裂。总状花序有2～6花；萼片早落；花浅蓝色、蓝紫色，上花瓣有距，蜜腺体约贯穿距长的3/4，顶端钝；蒴果卵圆形至椭圆形。种子光滑，直径约2毫米，具狭长的种阜。

拉丁名：*Corydalis caudata*
英名： Entireleaf Yanhusuo

# 小药巴旦子

**野外识别要点：**本种与全叶延胡索的区别最明显之处是：小叶柄细长，总状花序较短，疏离；而后者为2～3回三出复叶，小叶柄较短粗；总状花序较长，具6～14花，密集，花蓝色至紫红色。

北京延胡索

近缘种北京延胡索（*Corydalis gamosepala*），叶2回三出全裂；总状花序具4～16朵花。分布于东北及河北，北京西山、北山低海拔山地林下有见。

北京延胡索

**用途：**块茎入药，有活血散瘀，理气止痛的作用。治胃痛、痛经、跌打损伤。

毛茛科铁线莲属多年生草本。又称草本女萎。花期7~8月。

分布于我国东北、华北至西北、华东和中南等地。北京山区多见，生于山沟林下荫处。

大叶铁线莲为铁线莲属中叶大的一种，其茎直立(铁线莲属多数种的茎为藤本性质)，再加上花萼直立管状，萼片4，较厚，上部反卷，较易认识。它的花色较美，公园已有种植者。

形态特征：茎直立。三出复叶：小叶大形，宽卵形或近圆形，质地厚，边缘有不整齐的粗锯齿，长可达10cm。花序腋生和顶生，2~3轮排列：花梗密生灰白色毛；雄花和两性花异株；花萼管状，长达1.5cm，萼片4，蓝色，上部外弯，质地厚，外生白色短毛；无花瓣；雄蕊多数，有短毛；心皮多个，离生。瘦果扁卵圆形。

拉丁名：*Clematis heracleifolia*
英名：Tube Clematis

# 大叶铁线莲

**野外识别要点**：近缘种卷萼铁线莲(*Clematis tubulosa*)花梗粗短，萼片两边翻卷扩大。

卷萼铁线莲

卷萼铁线莲

毛茛科乌头属多年生草本。又称草乌。花期7～8月。

分布于我国东北和华北等地。北京山区多见，习生于海拔300～2000m山沟阴湿之地，也入山坡林下。

北乌头花色鲜艳、美丽，花梗长，可以作为鲜切花的花材引种。块根含乌头碱等多种生物碱，经加工去毒后可入药，有祛风湿、散寒止痛的作用，可用于风湿痹痛等。

形态特征：块根倒圆锥形，暗黑褐色。基生叶有长柄，叶片五角形、掌状3全裂，基部心形，中央裂片菱形，羽状近深裂，小裂片披针形，侧全裂片斜扇形，不等2深裂。花序总状或圆锥状，顶生；花较大，萼片5，紫蓝色，美丽，上面1萼片呈盔状，下面2萼片长圆形，侧面2萼片较宽；花瓣2，较小，有距，向后弯曲；雄蕊多数；心皮4～5个。蓇葖果。

拉丁名：*Aconitum kusnezoffii*
英名：Kusnezoff Monkshood

# 北乌头

乌头的花虽然美丽，但它的根有毒。希腊神话传说：有个国王的儿子旅行回来，向国王讲了许多功绩，要求国王奖赏。魔女拿着用附子做的剧毒的饮料劝王子喝，国王知道魔女有诈，命令她先喝，否则赐死！魔女知事败露，便将盛饮料的杯子摔到地上。顿时，大理石地板被毒水溶化。

乌头（*Aconitum carmichaeli*）与北乌头的区别是其块根常带子根（由主根旁生出较小的块根，称附子），而北乌头少有子根。乌头茎生叶叶柄较短，有栽培，以四川产者为佳，故又称川乌。野生的主要分布在长江中下游各地，向北可达山东、陕西和河南。其所产附子入药，有回阳救逆、温中止痛、散寒燥湿作用。

注意：嫩叶及块根均有毒，2003年春，北京发生游人在云蒙山区误食北乌头嫩叶作的野菜中毒，导致死1人，伤多人的事故。

苦苣苔科旋蒴苣苔属(牛耳草属)多年生草本。又称猫耳朵。花期7～8月。

分布全国各地。北京山区多见，习生于山沟石缝中或阴湿地上。

牛耳草为小型野花，习生于田垅边石上阴处、山沟石缝处。它的叶片全是基生叶，无叶柄，近似卵圆形，总是一对一对地交错生长，叶上有毛，叶厚有皱。花淡蓝紫色。雄蕊的花药如牛耳状。

---

**形态特征**：叶基生，密集；无叶柄；近圆形或卵圆形或倒卵形，厚质，上面有疏毛，下面密生白毛。花葶1～5条，高不过14cm；聚伞花序有2～5花，密生腺毛；花萼5深裂；花冠淡蓝紫色，二唇形；能育雄蕊2，退化雄蕊2～3枚；子房密生短毛，花柱外伸。蒴果狭条形，熟时螺旋形扭曲。

拉丁名：*Boea hygrometricha*
英名：Cats'ear Boea

# 牛耳草

苦苣苔科

拉丁名：Gesneriaceae 英名：Gesneria Family

　　苦苣苔科中国有38属240多种。

　　本科草本为主，也有木本。叶对生、互生或基生；无托叶。花不整齐；花萼管状，5裂；花多少二唇形，5裂；雄蕊4，生花冠管上，2个较长或有2个退化；子房上位或下位，1室或2室，胚珠多，侧膜胎座。蒴果。

　　苦苣苔科形态极接近玄参科。但苦苣苔科的子房1室，侧膜胎座；玄参科的子房2室，中轴胎座。

　　本科野花有牛耳草、珊瑚苣苔等。

用途：全草入药，有散瘀、止血、解毒之功；用鲜品捣烂外敷治创伤出血、跌打损伤；鲜汁滴耳可治中耳炎。

用途：根入药，能安神、益智；祛痰、止咳、开窍；散瘀，治一切痈疽。

远志科远志属多年生草本。又称宽叶远志。花期5～7月。果期7～9月。

分布于全国各地。生山地林下。

远志的幼苗又称"小草"。小草不起眼，但它开出的淡蓝色花朵很吸引人，因为有个花瓣龙骨状，上部有撕裂成鸡冠状的附属物，十分奇特。使你不得不细看它一下。

形态特征：高10～40cm。叶卵状披针形或长圆形，宽可达1cm；全缘。总状花序腋生，最上一个假顶生；花淡蓝紫色，花瓣3，下面中央1瓣龙骨瓣状，有鸡冠状附属物；雄蕊8，合生。蒴果近圆形，扁小。果翅有睫毛。花序比茎长。

拉丁名: *Polygala sibirica*
英名: Thinleaf Milkwort

# 西伯利亚远志

**故事:** 东晋宰相谢安，自幼聪明多智。4岁时就小有名气。但他年轻时无意仕途，曾隐居东山和王羲之等名士一起游赏山水，借以自娱。后被举荐下山做了大将桓温的司马官。一次桓公拿来一种名叫远志的药问谢安: "这药名叫远志，但为什么又叫它'小草'?"谢安尚未及回答时，旁边有个大臣抢先说道: "隐居就叫远志，出山就是小草。"这话既回答了桓公的问题，又使谢安听后很是惭愧。

近缘种远志 (*Polygala tenuifolia*)，高20～40cm。叶线形或线状披针形，宽1～3mm；全缘。总状花序偏侧生于小枝顶端。花淡蓝色。蒴果近圆形，扁小。分布于东北、华北、西北地区。

远志

鸭跖草科鸭跖草属一年生草本。花果期6～10月。
分布于全国，北京郊区各地均多见，多生路边阴湿处。

鸭跖草鲜蓝色的花中有鲜黄色呈十字形的花药，幽雅好看。经查，那花药是不育的，无花粉。它常在路边阴湿处生长。鸭跖草和家庭中栽培的"紫鸭跖草"（正名：紫竹梅）是一个科的但不是一个属。

形态特征：分枝多，基部枝呈匍匐状，节上生根。单叶互生；披针形，基部有膜质叶鞘，白色。总苞片心状卵形，长达2cm，边缘对合摺叠，基部不相连；花蓝色，两性；萼片3；花瓣3，分离，侧生2片较大，圆形；发育雄蕊3，另2个雄蕊发育不全。蒴果。

拉丁名：*Commelina communis*

英名：Dayflower

# 鸭跖草

**用途**：全草入药，有清热解，利水消肿功能。治流行性感冒、上呼吸道感染、咽炎等。

桔梗科沙参属多年生草本。花期7～9月。

　　分布于我国东北、华北及山东等地。北京各山区均见，生长于中低海拔山地山坡。

用途：各种沙参的根均入药，称南沙参，有清肺、止咳化痰的作用。

　　夏季到山里去游玩，你一定会注意到挂着小铃铛似的蓝色小花的沙参。沙参有很多种，区分它们需要仔细观察叶片的生长方式；花序是否分支；花柱是否伸出花冠外等等特征。

形态特征：植株有乳汁；有肉质根。茎叶轮生；3～4叶，可多至6叶；叶无柄，菱状卵形，变化大，有时叶极狭窄，边缘有锐齿。花序顶生呈塔形，有几轮分枝，开展；花蓝色，花萼裂片5，全缘；花冠钟状，5浅裂；雄蕊5；花柱与花冠约同长。

228

拉丁名：*Adenophora divaricata*
英名：Spreadingbranch Ladybell

# 展枝沙参

多歧沙参

　　近缘种多歧沙参（拉丁名：*Adenophora wawreana*）主要分布于华北，向南至河南。叶互生，至少茎中下部的叶有叶柄。花序分枝多；花萼裂片极窄，呈条状钻形，有1~2瘤状小齿或狭长齿。花期7~9月。

桔梗科沙参属多年生草本。又称狭长花沙参。花期7～9月。

分布于华北地区。北京百花山、东灵山均有，生于海拔1700～2300m高山草地中。在中低海拔地区还可以见到另外几种。

**石沙参**

形态特征：植株有乳汁；茎常单生，不分枝，高可达1.2m。叶无柄；互生，偶对生；卵形或狭卵形，边有齿，偶近全缘。花单朵顶生或成总状花序而花稀疏；花萼裂片狭三角钻形或长钻形，边有1～2对小齿；花冠狭细呈狭钟状，蓝紫色；花柱内藏。

拉丁名：*Adenophora elata*
英名：Tall Cadybell

# 沙参

石沙参（拉丁名：*Adenophora polyantha*）花期7～9月。分布于我国东北、华北、西北，南至江苏等地。北京山区海拔1000m以下处的山坡、山沟多见。植物体有乳汁。叶无柄、互生。花序常不分枝，或少分枝；花萼裂片5，裂片为狭三角状披针形，全缘；花柱稍长于花冠。

石沙参

紫沙参

野外识别要点：其叶对生、狭窄。花淡蓝紫色，花冠裂片间无褶，可与龙胆属植物区别。

龙胆科扁蕾属二年或多年生草本。花期6～8月。

分布于吉林及华北、西南等地。北京山区有分布，生于山坡草地上。

扁蕾的花有两大特点，一是花序越上部的花越大，最顶端的一朵最大；二是4枚花瓣呈覆瓦状套叠，像风车的扇叶一般。扁蕾的株形整齐，是很好的观赏植物引种资源。

形态特征：茎直立，高可达40cm。叶对生；无叶柄，茎生叶条状披针形，长可达6cm，宽仅2～3mm。花单生枝端；花萼4裂；花冠钟形，淡蓝紫色，4浅裂，裂片宽椭圆形，无褶，边缘有微波状牙齿；雄蕊4；子房圆柱形。蒴果有柄。种子多。

# 扁蕾

龙胆科

拉丁名：Gentianaceae　英名：Gentian Family

龙胆科中国有20属约380种。

本科主要特征为：草本；叶对生；单叶全缘；无托叶。花萼4～5裂，宿存；花冠合瓣，整齐，4～5裂，向右旋转；雄蕊4～5；子房上位，2心皮，侧膜胎座，胚珠多数。蒴果；种子小而多。

龙胆科有世界著名花卉许多种，号称中国高山三大名花之一。本科在我国以西南部和青藏高原种类最多。重要药用植物有龙胆、秦艽。

龙胆科龙胆属多年生草本。又称大叶龙胆。花期7～8月。

分布于东北、华北等地。北京地区生于海拔1600～2300m的山地草坡中。

秦艽是著名的中药材。它的根入药，有祛风除湿、退虚热之功，治风湿性关节痛、结核病潮热、黄疸。它也是一种很美丽的野花，可以引种供观赏。

形态特征：基部有残叶纤维；茎直立或斜升。叶对生：长圆状披针形或披针形、全缘，有5脉；茎上部叶聚和呈总苞状。有多朵花成头状聚生茎顶；花萼膜质，侧面破裂；花冠蓝紫色，管状，长不超过2cm，有5裂片，裂片间有褶；子房较长。蒴果长圆形。

拉丁名：*Gentiana macrophylla*
英名：Largeleaf Gentian

# 秦艽

达乌里龙胆

近缘种达乌里龙胆（拉丁名：*Gentiana dahurica*）花期7～8月。分布于内蒙古、河北、山西、陕西、宁夏、青海、新疆等地。北京生山区海拔1000m以上的山坡草地。

龙胆科肋柱花属一年生草本。花期7~8月。

分布于东北以及河北、山西、四川等地；北京东灵山生于山坡草地中。

肋柱花是一种非常有特点的小花。它的形态及颜色都很美，花无花柱，柱头沿子房缝合线下延。它与相似种当药（*Swertia diluta*）的区别在于肋柱花花萼的裂片明显短于花冠的裂片；而当药的花萼裂片与花冠的裂片几等长。

拉丁名：*Lomatogonium carinthiaca*
英名：Common Felwort

# 肋柱花

**形态特征**：高达50cm。茎四棱形。叶对生；卵状披针形，全缘。花较大，萼片卵状披针形，长为花冠的1/2；花冠淡蓝色，5深裂，裂片椭圆卵形；子房圆柱形，1室；无花柱，柱头2裂。蒴果椭圆形。种子小。

**野外识别要点**：叶对生；花冠淡蓝色，花冠呈辐射对称5深裂，裂片椭圆卵形；花无花柱，柱头沿子房缝合线下延。

**用途**：可栽培供观赏。

当药

紫葳科角蒿属一年生草本。花期5～8月。

分布于我国东北、华北及河南、陕西、甘肃、四川至青海等地。北京平原荒地上多见。

用途：全草入药，有散风祛湿、活血止痛的功能。可治风湿关节痛，外用治疮疡肿毒。

---

**紫葳科**

**拉丁名**：Bignoniaceae

**英名**：Trumpet Creeper Family

紫葳科中国有22属49种。

本科主要特征为：木本(稀草本)。叶多对生，少互生；单叶或羽状复叶或掌状复叶；无托叶。花序多种；花大，近两侧对称；花萼筒状、钟状；花冠钟状、漏斗状、管状，4～5裂，二唇形；雄蕊4～5，生花冠管上；子房上位，有花盘，1～2室，胚珠多，侧膜胎座，柱头2裂。蒴果。种子多，有翅。

本科的识别可重点抓住：木本；叶对生；花冠钟状，二唇形；果实细长，蒴果；种子扁，有翅等。

本科栽培名花有凌霄；著名乔木有梓树、楸树等。

拉丁名：*Incarvillea sinensis*
英名：China Hornsage

# 角蒿

　　角蒿是干燥荒地、山地阳坡的一种散生野花。它的叶细裂，极似菊科艾蒿类的叶。果实长角状弯曲，因而有角蒿之名。角蒿的花朵大，二唇形，桃红色，很美。

**形态特征**：高15～80cm。茎有细毛。基部叶对生，分枝的叶互生；叶2～3回羽状深裂或全裂，终裂片条形或条状披针形；叶柄可达3cm。花序顶生，总状；花多朵，桃红色；花萼钟状，5裂；花冠二唇形；雄蕊4，2长2短；雌蕊有腺毛，柱头扁圆形。蒴果呈长角状，弯曲。种子多，有白色膜质翅。

石竹科石竹属多年生草本。花期5~9月。

分布于我国东北、华北、华中等地。海拔200~2000m山区均有，习生于干燥山坡或崖壁处，或生于路边草丛中。

石竹属拉丁名"*Dianthus*"是由希腊文dios神名+anthos花组成的，意为美丽而清雅。石竹英文名pink，意为粉淡红色(指花色)。石竹可采籽播种繁殖，早已引种为园林植物。

形态特征：茎簇生、直立，上部有分枝。叶对生；条状披针形，长达5cm，基部相接，节处稍膨大，无毛。花单生或3朵成聚伞状花序；花萼基部有2对叶状苞片，先端反展，有细芒尖，花萼圆筒状，萼齿直立；花瓣5，淡红色、粉红色或白色，瓣片菱状倒卵形，平展，顶端浅齿裂，下部有狭长爪，喉部有斑，有须毛；雄蕊10；花柱2。蒴果圆筒形，端4裂。

240

拉丁名：*Dianthus chinensis*
英名：China Pink

# 石竹

**用途：** 石竹全草入药，药名"瞿麦"，有清热利尿、破血通经的功能。治尿路感染、小便不利、结石。

已引种栽培的观赏石竹

柳叶菜科柳叶菜属多年生半灌木状草本。花期6～8月。

柳叶菜分布于全国。北京山区均有，生低海拔的山沟水边湿地。

柳叶菜的叶比柳兰的叶小。花瓣是4个，2裂，粉红色。它的花于叶腋生出，不似柳兰的成顶生长尾状总状花序。柳叶菜茎叶多长柔毛；而柳兰茎叶无长柔毛。

形态特征：高可达1m。有根状茎。枝密生长绒毛。叶长圆状披针形或长圆形，基部抱茎，边缘有锯齿；两面有长柔毛。花单生上部叶腋，较大；花瓣4，粉红色；雄蕊8；柱头4裂。蒴果圆柱形。

拉丁名：*Epilobium hirsutum*
英名：Hairy Willowweed

# 柳叶菜

**用途：** 柳叶菜喜生于山沟水边湿地，花颇美，可引种于公园水池边。

它也是一种野菜。4～6月时，采它的幼嫩茎叶，洗干净后，可以炒吃、作汤，也可作火锅或下汤面的蔬菜。或沸水浸烫2分钟捞出来晒干或烘干成干菜。

　　打碗花夏季开花，民间亦称喇叭花。它的花大小、颜色都与田旋花相似，粗看很难区别开来。仔细观察可发现：田旋花的2个苞片微小，且远离花萼而生。这也是打碗花属(*Calystegia*)与旋花属(*Convolvulus*)的主要区别。

形态特征：茎平铺。有分枝。叶互生；三角卵形、戟形至箭形，中裂片较长，叶基微心形，全缘；两面无毛。花单生叶腋，花梗长过叶柄。苞片2，宽卵形，显著，生于贴近花萼基部处，宿存；萼片5，宿存；花冠漏斗状，淡粉红或淡紫色；雄蕊5；子房无毛，柱头2裂，裂片扁平。蒴果卵圆形；种子黑褐色。

拉丁名：*Calystegia hederacea*
英名：Ivy Glorybind

# 打碗花

旋花科打碗花属一年生草本。花期7~9月。

分布于全国各地。北京平原极多见，生荒地、路边、田间。公园内均不少，为杂草之一。

**野外识别要点：**打碗花的两个苞片较大，宽卵形，紧贴花萼基部。打碗花的近缘种篱打碗花（*Calystegia sepium*）又称篱天剑。其花和苞片都比打碗花的大，宿存萼和苞片果期增大、包藏果实。植株纯缠绕性。它有一变种：长裂旋花（var. *japonica*），叶极明显地3裂，具伸展的侧裂片和长圆形顶尖的中裂片。生于山坡林缘或山地农田边，花期5~7月。

**用途：**打碗花的根状茎及花均可入药。根状茎健脾、益气、利尿、调经。花有止痛之功，外用治牙痛。

长裂旋花

长裂旋花

长裂旋花

秋海棠科秋海棠属多生生草本。又称野秋海棠。花期7～9月。

分布于我国河北、山西、陕西等地，南达长江流域。北京山区有分布，习生于山沟阴湿处。

中华秋海棠喜生长在石灰岩山地阴湿的山沟中，常常在岩壁的石缝中扎根生长。它的花枝如窈窕淑女般娇美，可以引种作盆栽，或置于公园假山湿处供观赏。

形态特征：全株光滑无毛，茎上部有分枝。有块根。叶较大，斜卵形，先端尾状，基部偏斜呈偏心形，边缘有疏齿；有长柄；托叶膜质。聚伞花序生枝上部叶腋；花小而稀，花单性，雌雄同株，粉红色；雄花有花被片4，雄蕊多；雌花的花被片5，子房下位，3室。蒴果有3翅。

246

# 中华秋海棠

秋海棠科

**拉丁名**：Begoniaceae

**英名**：Begonia Family

秋海棠科中国有5属400多种。

本科常为草本。常有根状茎或块根；茎多汁。单叶互生；叶基常偏斜；有叶柄；托叶早落。聚伞花序；花单性，雌雄同株，雄花、雌花同生一花序上。雄花花被片4，其中2片花瓣状，雄蕊多数，花丝基部连合；雌花花被片2～5或更多，心皮3，合生，子房下位，3室，胚珠多，花柱3。蒴果。

本科北京野生仅1种：中华秋海棠。温室栽培的种类多，有观叶、观花等不同。

**野外识别要点**：生于阴湿山沟中，叶偏心形。花粉红色，子房下位。

**用途**：全草入药，有活血调经、止血、止痢的作用，治月经不调、痢疾、吐血、跌打损伤出血。

247

千屈菜科千屈菜属多年生草本。又称水柳。花期7～9月。

分布于我国河北、山西、陕西、河南、四川等地。北京山区有野生，多生于山沟的溪水边。

千屈菜花期长，花深红色，是一种非常美丽的野生花卉。它分布的海拔也不是很高，因此较容易驯化引种。目前，国外已有千屈菜的观赏品种，国内也有引进。

形态特征：高可达1m以上。茎直立，多分枝。叶对生或3个轮生；披针形，长可达6.5cm，基部稍抱茎。总状花序顶生，花较小而多，两性；萼筒长约5～6mm，有12条纵棱，顶端有6个齿，齿间有尾状附属物；花瓣6，紫色，生萼筒上部，此点极为有特色；雄蕊12个，成2轮，长短不齐；子房上位。蒴果。

拉丁名：*Lythrum salicaria*
英名：Spiked Loosestrife

# 千屈菜

千屈菜科

拉丁名：Lythraceae　英名：Loosestrife Family

　　千屈菜科中国有10属约30种。

　　本科主要特征为：叶对生或轮生；托叶小或无。花萼筒管状，有棱，萼片4或8；花瓣4或8；雄蕊插生萼筒上，常为花瓣数的2倍；子房上位，2～6室，花柱1，柱头2裂，胚珠多。蒴果。最突出的特点为花的萼筒管状；雄蕊插生萼筒上。

　　本科的著名花木有紫薇；草本花卉有千屈菜。

**野外识别要点**：叶对生似柳叶；花萼筒筒状，有6齿，齿间有尾状附属物；花瓣6，生于萼筒上部。

柳叶菜科柳叶菜属多年生草本。花期7~8月。

柳兰分布极广，北半球温带皆有。北京各山区多见，生于海拔1000m以上山沟湿处，也进入山坡林缘开阔地成片繁殖。河北雾灵山在海拔1800m近山顶一带极为繁盛，夏天成山地美景。

柳兰被称为是山林中火烧迹地上的先锋植物，这也许是它的种子在裸地上比较容易发芽的缘故。当你看到成片的柳兰时，相信已不仅仅是有点暗暗的惊喜，而是心花怒放了。它实在是太美，美得令人不相信是一种野花。

形态特征：茎高1m以上，常不分枝。叶互生，披针形似柳叶，近全缘，无叶柄。总状花序顶生，边从下部开花边上升，可开花达1月之久；花较大，不整齐；萼片4；花瓣4，紫红色或淡红色，偶白色；雄蕊8；花柱弯曲，柱头4裂，子房下位，密生毛。蒴果长圆柱状；种子多，顶端有簇生毛。

拉丁名：*Epilobium angustifolium*

英名：Great Willowherb, Fireweed

# 柳兰

柳兰花的形态结构有趣之处为子房细长，下位，好像花梗一般。

柳叶菜科

拉丁名：Onagraceae　英名：Eveningprimrose Family

柳叶菜科中国有10属60种。

本科主要特征为：草本，少灌木。叶对生或互生；托叶无或有。花整齐或稍不整齐；单生或成冠状、穗状花序；萼片4，少2或3；花瓣4，少2或无；雄蕊为花瓣2倍或同数；子房下位，1～6室。浆果或坚果；种子1至多个。

本科北京地区野花有柳兰和柳叶菜，还有花的基数为罕见的2数的露珠草，均可引种作观赏花卉。

报春花科报春花属多年生草本。花期5~6月。

分布于我国东北、华北至西北等地。北京见于百花山、东灵山海拔1900m以上的阔叶林下或山坡草甸中。

胭脂花于初夏开花，是亚高山草甸上最早开花的种类之一。它的花色暗红、美丽，别具风姿。

形态特征：叶基生，莲座形；叶形长圆状倒披针形或倒卵状披针形，基部渐狭下延成柄。花莛粗壮，直立；伞形花序在一花莛上可有2~3轮如塔形；每轮有花4至多朵；花冠胭脂红色，管状，上部有5裂片，反折。蒴果圆柱形。

252

拉丁名：*Primula maximowiczii*
英名：Rougeflower

# 胭脂花

报春花科

拉丁名：Primulaceae

英名：Primula Family

报春花科中国有12属约550种。

本科主要特征：多为草本。叶互生、对生、轮生、全为基生，各类均有；单叶全缘或有裂，无托叶。花单生或成伞形花序或其他花序；萼常5裂，宿存；花冠合瓣，有花冠管，5裂；雄蕊5，生花冠管上，与花冠裂片对生；子房多上位，1室，特立中央胎座，胚珠多，花柱1，多有异长现象。蒴果。种子多。

本科的识别应重点抓住花的特征：花冠合瓣，5裂；雄蕊5，有花柱异长现象（报春花属）；特立中央胎座。蒴果。

本科重要野生花卉有报春花属的胭脂花、假报春属的北京假报春。早春野生小草点地梅，以及夏季开花的狼尾花等。

蔷薇科蛇莓属多年生草本。花期4~7月。

分布于自辽宁向南广大地区，直达云南和四川；北京各山区均有，习生于山沟林下阴湿地。

蛇莓和水果草莓是近亲，但不同属。果实味道酸甜，稍有点涩，可以采食。它的花是黄色的而草莓不论家养还是野生的花都是白色的。

形态特征：有长匍匐茎。三出复叶，小叶片菱状卵形或倒卵形，边缘有钝锯齿；有托叶。花单生叶腋，花梗长3~6cm；花的副萼片5，先端3裂，少有5裂，萼裂片比副萼片小，卵状披针形；花瓣5，黄色，倒卵形；花托扁平，果期膨大成半圆形，较柔软，红色。瘦果小，暗红色。

254

拉丁名：*Duchesnea indica*
英名：India Mockstrawberry

# 蛇莓

**野外识别要点：**有匍匐茎。三出复叶。花黄色，副萼片先端3裂，少5裂。花托果期半球形，鲜红色。

**用途：**全草入药，有清热解毒、散瘀消肿的功效。成熟果实可食，果含丰富的糖类、蛋白质、维生素E。后者能抵抗氧化，消除自由基，有益于防衰老。有些地区农村的老年人喜欢以蛇莓果蘸糖吃，据说能延年益寿。

蛇莓的种子含亚油酸，是一种特异磷质亚油酸，能阻止胆固醇沉积在血管壁上，防止动脉硬化。

毛茛科毛茛属多年生草本。花期5～8月。

分布于全国各地。北京各山区皆有，习生于山沟水湿之地，也进入山坡林下或林间草地。

毛茛喜欢水湿之地。毛茛属的拉丁名"Ranunculus"意为青蛙，意思是毛茛喜欢生长在青蛙多的地方。毛茛的英名"buttercup"为奶油金杯，是从花形状及色泽得来的。

形态特征：基生叶和茎下部叶有长柄，叶片圆心形，掌状3深裂，中央裂片3浅裂，边缘有粗齿或缺刻，侧裂片不等2裂；茎中部叶叶柄短；上部叶无柄，3深裂。单歧聚伞花序，有少数花；萼片5，淡绿色；花瓣5，亮黄色(花瓣里侧有光泽)，倒卵形，内侧基部有蜜槽，外被小鳞片；雄蕊多数；心皮多数。聚合瘦果扁平，倒卵形。

256

拉丁名：*Ranunculus japonicus*
英名：Japan Buttercup

# 毛茛

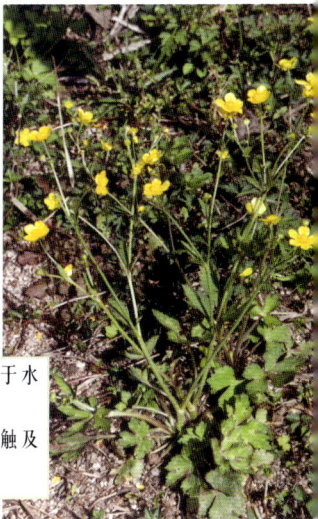

**用途**：毛茛花多，花色金黄，可引种植于水边，供观赏。

为有毒植物，全草含原白头翁素，触及可使皮肤发泡，更不可入口。

**野外识别要点**：基生叶掌状3裂；花黄色；花瓣内侧有光泽，好像抹了光油一样，此点可与别的科开小黄花的植物相区别（如蔷薇科的龙牙草、水杨梅）。此外，毛茛花瓣内侧基部有一蜜腺槽，外有小鳞片覆盖。

近缘种茴茴蒜(拉丁名：*Ranunculus chinensis* )叶为三出复叶。茎叶有开展的长毛。聚合瘦果特别多，形状为椭圆形。毛茛的叶为单叶3裂，无长毛，聚合果果实少。

茴茴蒜花期5~8月。北京山区生低山至中山(海拔达1200m左右)的山沟水湿处。茴茴蒜亦有毒，外敷会使皮肤发泡。

罂粟科白屈菜属多年生草本。北京又称断肠草。花期5~7月。

分布几遍全国。北京西部、北部山区均有分布，生于山沟林下水湿处。

白屈菜的新鲜植株有毒，不可食用。可以外敷治疗疣、鸡眼和钱癣。但内服治病时要严格遵照医生的吩咐。

形态特征：植株高不超过90cm；含黄色汁液；根土黄色。叶互生，有长叶柄，1~2回羽状全裂，裂片卵形至长圆形，边缘有不整齐齿或缺刻，下面有白粉，伏生细毛。伞形聚伞花序；花不大；萼片2，淡绿色，早落；花瓣4，黄色，倒卵形；雄蕊多数；心皮2，子房细圆柱形，花柱短，柱头头状。蒴果细圆柱形，长2~4cm，成熟时从下向上2瓣裂；种子小。

拉丁名：*Chelidonium majus*
英名：Celandine

# 白屈菜

用途：全草含白屈菜碱等多种生物碱，入药有清热解毒、止咳、止痛的作用，可治胃炎、肠炎、痢疾。

白屈菜花多、花较大，鲜黄色，可以种于公园水湿处做早春花卉供观赏。

野外识别要点：植物有黄色液汁。花黄色，花瓣4，果细圆柱形。

薔薇科委陵菜属多年生草本。花期5~9月。

分布于我国东北、华北、西北至西南广大地区。北京见于低海拔山区，有时至海拔1000m的山地道旁、山坡、荒地上。

委陵菜为低山地区开阔向阳地带的常见杂草。委陵菜属有很多种，花都是黄色的5瓣小花。但叶子上有区别，生长的环境也不同。如果不细心观察，很容易在开花时把它们当作同一种，而在不开花时则当成毫不相干的植物。

形态特征：茎粗壮，高约50~60cm，密生白绒毛。羽状复叶：小叶15~31枚，多长圆形，长达5cm；小叶羽状深裂，裂片三角状披针形，上面绿色，下面密生白色绵毛；托叶披针形，基部与叶柄连生。伞房状聚伞花序有多花；花朵直径约1cm；副萼片狭，萼片三角状卵形；花瓣黄色。瘦果小。

拉丁名：*Potentilla chinensis*

英名：China Cinquefoil

# 委陵菜

翻白草

翻白草

鹅绒委陵菜

近缘种翻白草（拉丁名：*Potentilla discolor*）（上页图）与委陵菜不同处在于全株密生白色绒毛；小叶5～9枚，边缘仅有钝齿而不裂。多生林下。

鹅绒委陵菜（拉丁名：*P.anserina*）（上图）又称蕨麻、人参果。其根肥厚，茎细长成匍枝，节上生根。羽状复叶基生，小叶7～25枚，椭圆形，长达3cm，边有深锯齿，上面绿色，下面密生白色绢毛；茎生叶小。花单生叶腋，直径可达1.8cm，花梗细长可达10cm。瘦果椭圆形。花期5～8月。多生田野湿地、河边沙地。有时也入山区。本种的块根入药，有补气血、健脾胃、生津止渴之功。治病后贫血、营养不良。在西北地区，以其块根称为"人参果"。既是食物，亦可食疗。

莓叶委陵菜（拉丁名：*P.fragarioides*）有根状茎。羽状复叶，小叶5～7(9)，顶端3小叶显著大，倒卵状菱形或长圆形，长可达9cm；两面绿色，有长柔毛。聚伞花序多花，直径达2cm。

多茎委陵菜（拉丁名：*P.multicaulis*）一年生。叶羽状深

蔓枝委陵菜

绢毛匍匐委陵菜

裂至全裂，裂片细条形，叶多贴地生。下面有白绒毛。

朝天委陵菜（拉丁名：*P.supina*）一二年生草本。羽状复叶，草质，两面绿色，较柔，小叶7～17。花常单生。多生平原地区。

蔓枝委陵菜（拉丁名：*P.flagellaris*）（上左图）多年生草本。小叶5，稀为3，茎细，匍匐，叶柄及叶背微具柔毛。

菊叶委陵菜（拉丁名：*P.tanacetifolia*）（右下图）叶两面均为绿色，不同于委陵菜和翻白草。

绢毛匍匐委陵菜（拉丁名：*P.reptans* var. *sericophylla*）（上右图）多年生草本。小叶3，下面被伏绢毛和柔毛。

菊叶委陵菜

蔷薇科水杨梅属多年生草本。花期5～8月。

分布于全国各地。北京山区普遍，生于山沟水边、湿草地，也入林内。

水杨梅的花初期与毛茛相似，但花后期子房膨大，瘦果有钩状长喙，聚成杨梅状聚合果，因而有水杨梅之称。

形态特征：茎直立，高达80cm；全株有长柔毛。羽状复叶；基生叶有小叶3～6对，顶端小叶大，边缘浅裂或有粗齿，两面有毛，侧生小叶不等大；茎生叶较小，小叶3～5片；托叶大。花单生，或伞房状有3花；花径达2cm；萼片2轮，每轮5片，外萼片较狭，短于内萼片；花瓣5，黄色，近圆形；雄蕊和雌蕊均为多数。瘦果多数，排成圆球形，聚合果，每个瘦果顶端有由花柱形成的钩状长喙。

拉丁名：*Geum aleppicum*
英名：Aleppo Avens

# 水杨梅

用途：本种花美，可引种入公园水域边供观赏。

全草入药，有清热解毒、消肿止痛的功能。内服治肠炎、痢疾、腰腿疼痛、跌打损伤；外用治疔疮。

董菜科董菜属多年生草本。花期5～7月。

分布于我国东北、华北、西北至西南广大地区。北京见于西部及北部山区,生于亚高山草甸或山地森林内阴湿处。

较早开董菜花期稍晚一些的时候,双花黄董菜在亚高山草甸上很多野花开放之前绽露出芳容。它是董菜科野花中较少见的黄花种类。

形态特征:地上茎高不过20cm。有根状茎。叶肾形或几近圆形,基部心形,先端圆形、边缘有钝齿;托叶不与叶柄合生,叶柄细长。花1～2朵,腋生;花梗长,有2小苞片;萼片5;花瓣5、黄色,有褐色脉纹,下瓣有距,距短小;雄蕊5;子房无毛,花柱上半部深裂。蒴果。

266

拉丁名：*Viola biflora*
英名：Twinflower Violet

# 双花黄堇菜

**野外识别要点：** 有地上茎。叶肾形，不大。花黄色。生长于海拔1200m以上山地，可达2000m以上。

毛茛科金莲花属多年生草本。花期6~7月。

分布于山西、河北。北京海拔1700m以上林下或高山草甸中都有。

金莲花盛花时一片金黄，煞是好看，在清代即已负盛名。清代从五台山移金莲花万株于承德离宫，有"金莲映日"景点。康熙帝为此作诗："正色山川秀，金莲出五台。塞北无梅竹，炎天映日开。"至乾隆帝也作诗赞金莲花之美。

*形态特征*：高不过0.5m。花金黄色；形态有点像莲花，但小很多，花径5cm左右；其花被中多片宽的金黄色的是萼片；花瓣狭长，似雄蕊；雄蕊多数；雌蕊也多。果实为多个蓇葖果。

拉丁名：*Trollius chinensis*

英名：China Globeflower

# 金莲花

　　有一年，乾隆帝率随从到木兰围场打猎时，见大草原上金莲花遍地，情景动人，突发诗兴，随口吟出："塞外黄花恰似金钉钉地"。命随从应对；才子纪晓岚对曰："京中白塔犹如银钻钻天"。帝连称好。这一佳对就流传至今。

**用途：** 金莲花花朵入药。有清热、泻火、解毒的作用。可以当茶饮用，有一股清郁的香味，被誉为"坝上龙井"。

拉丁名：*Corydalis pallida*
英名：Pale Corydalis

# 黄堇

罂粟科紫堇属二年生草本。花果期5～7月。

分布于东北及河北、山西、山东。生林下或沟边湿地。北京妙峰山、金山有见，百花山也有。

**形态特征**：全株灰绿色。无块茎。叶有长柄；2～3回羽状全裂，第2～3回裂片卵形或菱形，有浅裂，小裂片狭卵形或卵形，钝头；上面绿色，下面灰绿色，无毛。总状花序，有6～10多朵花；花黄色；萼片小，宽卵形，膜质，边缘撕裂状；上花瓣的距圆筒形，长7mm，微弯。蒴果条形，长可达4cm，种子间缢缩成串珠状。种子扁球形，黑色，密生乳头状小突起。

拉丁名：*Corydalis raddeana*
英名：Ochotsk Corydais

# 小黄紫堇

　　罂粟科紫堇属一年生草本。花期7~8月。

　　分布于我国东北、华北，南至河南和浙江、山东等地。北京西部、北部山区均有，生于山沟阴湿处。

**形态特征**：高80~90cm。茎直立，有纵棱，上部分枝。茎生叶2~3回羽状全裂呈复叶状；一回裂片有长柄，末回裂片倒卵形或菱状倒卵形，先端钝圆或急尖，常有2~3缺刻。总状花序有多朵花；萼片小；花瓣4，黄色至棕黄色，上面1片有距，距长达9mm；雄蕊6，结合成2束，与外面2花瓣对生，上面的一束雄蕊花丝有蜜腺伸入距内。蒴果条形或狭倒披针形，下垂，长约1~1.3cm。

**用途**：全草入药，具理气和血、舒筋活络之功效。

可以引种入公园水边作观赏花卉。

凤仙花科凤仙花属一年生草本。花期6~7月。

分布于我国东北、华北、西北和华中地区。北京西部、西北部山区均有，习生于山沟水边荫处。

水金凤只生长在林中水溪边的阴湿处。它虽是野花，却像千斤小姐般，特别娇嫩，一经攀折、震动即会破损、掉落。所以，当你见到时，最好慢慢地走过去欣赏，不要毛手毛脚。

它的花部结构非常有趣，需要仔细观察才能分清哪是花瓣、萼片。

**形态特征**：茎高不过0.6m，光滑柔软。叶互生，薄而软，狭椭圆形或卵形，边缘有粗锯齿；无托叶。聚伞状花序；花黄色，稀白色，3~4朵花的花轴从叶腋生出；花梗细，下垂；花两性；萼片3，其中一片的基部延长成一向内弯的长距；花瓣5；雄蕊5；子房上位。蒴果成熟时弹裂，弹出种子。

拉丁名：*Impatiens noli- tangere*
英名：Lightyellow Touch Me Not

# 水金凤

凤仙花科

拉丁名：Balsaminaceae　英名：Balsam Family

　　凤仙花科中国有2属约150种。全为草本。单叶互生、对生至轮生；无托叶。花不整齐，腋生：萼片3～5，其中1片有距，呈花瓣状；花瓣5，其中4片两两结合，中央1片较大；雄蕊5，与花瓣互生，花丝于顶部结合；心皮5，子房5室，上位，胚珠多个，柱头5裂或不裂。蒴果有弹力，熟时裂开，放出种子。

　　本科突出特征是肉质多汁的茎叶；具3个萼片，后面1片大，花瓣状，向外延伸成1细距；蒴果成熟时弹裂，可以放出种子。

　　本科栽培种有玻璃翠和凤仙花。凤仙花科植物的果实成熟时，能弹裂开散布种子，是一种巧妙的适应，利于传播后代。在栽培的凤仙花果实上，此点尤为突出。在水金凤身上也能看到这个特征。

葫芦科赤瓟属草质藤本。花期7～8月，果期8～9月。

分布于东北、华北及西北各地。生于沟谷草地中。北京北部山区：昌平白羊沟、延庆松山、密云坡头有见。

看到小瓜就可以知道这是一种葫芦科的植物了。葫芦科还有一个特征：花多是单性，雌雄是分开的。就是说有雌花；有雄花。

形态特征：有卷须，卷须不分枝。叶卵状心形，长达10cm；边缘有不整齐齿牙，有粗毛。花单性，雌雄异株，雄花组成花序，雌花单生叶腋；花冠钟状，5深裂，裂片圆形，长2～2.5cm，黄色，上部反折；雄蕊5，离生，花药直，1室。浆果卵状长圆形，长达5cm，有10条纵纹，熟时鲜红色。

274

拉丁名：*Thladiantha dubia*
英名：Manchur Tubergourd

# 赤瓟

　　栽培的瓜，要想让它们结子，就要用雄花去给雌花授粉，俗称盖花。

　　如不想让瓜结子，就要早早把雄花摘去，不让它们传粉。

**用途：** 果供观赏。也入药，有理气活血、祛痰的作用。根也可入药，功能同果。

龙胆科荇菜属水生多年生草本。又称莕菜。花期7～8月。
广泛分布于我国南北各地，北京见于池塘或河流边或静水中。

荇菜是一种浮水植物，远看像睡莲，但叶片为圆心形而非圆形。它的花黄色，较大，伸出水面以上，很适合引种于庭园池塘中作观赏栽培。

形态特征：茎分枝多，沉于水中。叶漂浮水面，圆心形，上部叶对生，其他叶互生；叶柄基部膨大，抱茎。花腋生，成束；花梗长于叶柄；萼片5，几分离；花冠辐射状，黄色，5裂，边缘有齿，内折；雄蕊5，生花冠基部，蜜腺5；子房1室。蒴果不裂，卵圆形，扁压。种子多数。

拉丁名：*Nymphoides peltatum*
英名：Shield Hoatingheart

# 莕菜

**用途**：全草入药，有透疹、清热、利尿的作用。治感冒发热无汗、麻疹不透、小便不利。

**用途：** 有部分地区以其根作马尾黄连入药，有清热燥湿、泻火解毒之功。

**野外识别要点：** 其花与短尾铁线莲的花远看较相似，但短尾铁线莲为藤本而可区别。

**形态特征：** 高不到1m。叶为3～4回三出复叶；小叶小，狭长圆形至近圆形。花序为伞房状聚伞花序；花极有特色，雄蕊多个，每个的花丝较宽，中上部呈棍棒状，倒披针形，白色，好像花瓣一样，故名"瓣蕊"；萼片4，白色，易早脱落；心皮4～10个。瘦果。

278

拉丁名：*Thalictrum petaloideum*
英名：Petalformed Meadowrue

# 瓣蕊唐松草

毛茛科唐松草属多年生草本。花期6～8月。

　　分布我国于东北、华北等地。北京山区多见，生于海拔1000m以上山沟、山坡、路边。

　　瓣蕊唐松草花色洁白，由于花密集而多，白色极显目，是夏季山中较易见到的一种野花。它的花远看很像菊花，近看才发现有很大不同：它的雄蕊变宽像花瓣状。所以得名瓣蕊唐松草。

毛茛科银莲花属多年生草本。花期6~8月。

分布于我国东北、华北、西北等地。北京西部及北部山区海拔1000m以上山地均可见，生林下、沟中湿草地。

小花草玉梅和梅花草容易记混。其实梅花草植株矮小，每株一般只有一片叶，一朵花。叶片为卵状心形。

形态特征：基生叶有长柄，叶片肾状五角形，基部心形，3全裂；中裂片菱形，上部3浅裂，有牙齿；两侧裂片斜菱形，不等2深裂，又再2~3浅或深裂；两面有贴生柔毛。聚伞花序1~3回分枝；花小，径约1.5cm；花仅有5萼片，白色，如梅花，无花瓣；雄蕊多数；心皮多数。瘦果狭卵形，聚生，有宿存花柱，呈钩状弯曲。

拉丁名：*Anemone rivularis* var. *flore-minore*
英名：Smallflower Brooklet Windflower

# 小花草玉梅

　　毛茛科植物有两条有趣的进化路线：一条是向风媒花发展的适应，如白头翁、草芍药，它们没有蜜腺，虽花有颜色，即使来了昆虫，也只能采点花粉；银莲花、小花草玉梅和大火草也类似，没有蜜腺；铁线莲属各个种、升麻等都无蜜腺，而且花朵逐渐变小了，花瓣由明显变成不太明显，甚至退化了。因为风媒不必需要蜜吸引昆虫，花瓣逐渐退化，可以减少花粉靠风传出去的阻力。到了唐松草属各种，更进一步向风媒花特化。花小而多，花瓣退化了，萼片变小，4个或5个，黄绿色或白色，很容易早期就脱落，免去了阻挡花粉外飞的障碍；雄蕊较多，花丝柔软，随气流摆动，易于散粉；雌蕊2～3个至多个，分离，无蜜腺，是典型的风媒花。这些现象在东亚唐松草上最为明显。

　　另一条是向虫媒花发展的适应，代表种类是驴蹄草、乌头等。

**野外识别要点**：也有人把它和棉团铁线莲搞混。区别在于本种的白色花瓣状萼片是5个，状似梅花；而棉团铁线莲有6个。再仔细观察，本种基生叶为肾状五角形，裂片或齿都特别尖，也和和棉团铁线莲有很大不同，后者叶对生。

　　在北京延庆松山曾见到花朵绿色、萼片变大的变异植株，但变异原因不明。在河北省小五台山也有发现。变异的花有观赏价值，可以考虑引种驯化。

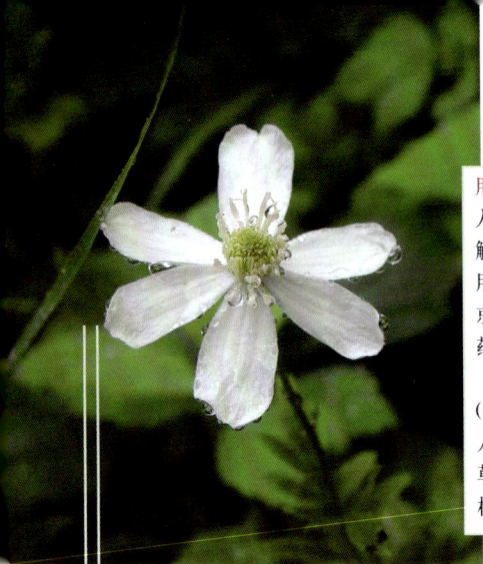

**毛茛科铁线莲属多年生直立草本。花期6～8月。**

分布于我国东北、华北、西北和华东等地。北京山区多见，生于海拔300～2000m处山坡、山沟、林缘。

从棉团铁线莲的叶片大致可以看出它是毛茛科的种类。它的小花洁白、无花瓣，6片洁白的花被是萼片。果实宿存花柱羽毛状如棉团，很有特色。

**形态特征**：叶对生；1～2回羽状全裂，裂片基部再2～3裂，小裂片狭，宽不超过2cm。聚伞花序顶生和腋生，常生3花；花颇大，直径达5cm；萼片6，白色，外面密生绵毛；雄蕊多数；心皮多数，花柱长羽毛状如棉团而得名。瘦果多。

拉丁名：*Clematis hexapetala*
英名：Sixpetal Clematis

# 棉团铁线莲

**野外识别要点：**
茎直立。叶对生，1～2回羽状全裂，质地较厚。花白色。瘦果有宿存花柱呈羽毛状白色。

**毛茛科银莲花属多年生草本。花期5～6月。**
分布于东北、华北；北京见于东灵山海拔约2000m阔叶林下。

银莲花是难得一见的美丽草花。它在5～6月开花，分布的海拔又较高，按照人们夏季才登山、避暑的习惯，每每总要错过。

银莲花较常见的具5～6枚雪白的花瓣状萼片，但也有的多达10枚。

形态特征：基生叶4～8枚；叶片圆肾形，长达5.5cm，3全裂，中央裂片宽菱形或菱状倒卵形，又3裂，2回裂片又浅裂，末回裂片卵形至狭卵形，侧全裂片斜扇形。花莛高40cm；总苞片5，长2～5朵，径约2.5cm；萼片5～6，白色或带粉红色；雄蕊多数；心皮多个。瘦果扁，近圆形或宽椭圆形。

拉丁名：*Anemone cathayensis*

英名：Cathayan Windflower

# 银莲花

**野外识别要点**：叶圆肾形，3全裂。花萼片5，白色或带粉红色。

**用途**：可引种供观赏。

多被银莲花 （*Anemone raddeana*，右图）花期4~5月。分布于东北长白山、山东，生山地约800m林下。高可达30cm。花的萼片可多达15片，白色，长可达近2cm。根状茎可入药，治风湿性关节炎。

多被银莲花

石竹科蝇子草属多年生草本。花期7~8月。

分布于我国东北南部至华北、西北、西南等地。常见于山坡、林下、草地或山沟中，北京北部山区习见。

石生蝇子草为山区路边常见杂草，常成片生长。其茎枝具匍匐状散开习性，茎细、姿态优美。花较大，可以引种作岩石上的覆盖花草。

形态特征：茎有分枝，匍匐散开。叶对生，卵状长圆形、卵状披针形或长圆状披针形，先端渐尖，有短柄；叶色淡绿色，有3条脉。二歧聚伞花序顶生，常有3~7朵花，有细花梗；花萼筒状，有10条纵脉，端有5钝齿；花瓣5，白色或淡粉红色，长圆形，端4裂，二侧裂片较小，下部爪状，喉部有2小鳞片与附属物；雄蕊10个；子房长圆形，花柱3根。蒴果长卵形，熟时3瓣裂，裂瓣又2裂。种子多数。

**286**

拉丁名：*Silene tatarinowii*
英名：Tatarinow Catchfly

# 石生蝇子草

毛茛科铁线莲属草质藤本。花期7~8月。

分布于我国东北、华北至南方和西南、西北等地。北京山区多见，习生于山地灌丛上或平原路边。

短尾铁线莲的花远看易与瓣蕊唐松草混淆，近看有两大不同：一为藤本。二为花由4萼片与多数花丝构成；而瓣蕊唐松草的花花丝为瓣状，萼片早落。

形态特征：叶对生；1~2回羽状复叶或2回三出复叶；小叶5~15个，长卵形或披针形，先端渐尖呈短尾状，边缘有疏齿，偶3裂。圆锥花序顶生或腋生，比叶短；花直径达2cm；萼片4，开展，白色，狭倒卵形，有短毛；无花瓣；雄蕊多数。瘦果卵形，密生柔毛，花柱宿存，在果期伸长近3cm，羽毛状。

拉丁名：*Clematis brevicaudata*
英名：Shortplume Clematis

# 短尾铁线莲

**用途**：藤茎入药，有清热利尿作用，治尿道感染、尿频。

北京门头沟东灵山地区农村将短尾铁线莲嫩茎叶作野菜食用。

**野外识别要点**：复叶的小叶顶端短尾状。花白色，较多；萼片白，无花瓣。

细叉梅花草生长于亚高山草甸中，是一种纤细、娇美的小白花。由于名称有点相似，常有人将它与毛茛科的小花草玉梅混淆。其实，它们虽然都是开5瓣的小白花，但花瓣的形状并不一样，最主要的是叶形不一样。梅花草在开花时一般每朵花的茎上只生有1枚卵圆形或心形的叶片。

形态特征：高不过30cm。根状茎球形。基生叶多片丛生，有长叶柄；叶片卵形至卵状椭圆形，长达3.5cm，宽1～2cm，基部圆形、截形，有时微心形，全缘，两面有锈色腺点；茎生叶仅1片，无柄。花茎数个，单生枝顶；萼片5，宽披针形，长不及1cm；花瓣5，白色，倒卵状长圆形，长达1.6cm，全缘或波波状缘，有短爪；雄蕊5，假雄蕊5，上半部深3裂，裂片长柱状；心皮3合生，子房半下位，花柱端3裂。蒴果倒卵形。

拉丁名: *Parnassia oreophila*
英名: Mountain Loving Parnassia

# 细叉梅花草

虎耳草科梅花草属多年生草本。花期7～8月。

分布于河北、山西、四川、甘肃、青海、新疆等地。北京山区有分布，生于海拔约1900～2200m的亚高山草甸中。

用途：全草入药，有清热解毒、止咳化痰的作用，治细菌性痢疾、咽喉肿痛、咳嗽痰多等。

野外识别要点：近缘种梅花草(拉丁名: *Parnassia palustris* 英名: Wideworld Parnassia)花较大，直径1.5～2.5cm；假雄蕊5，上半部有11～23根丝状裂片，且裂片先端有黄色头状腺体；心皮4合生，花柱端4裂。叶片卵形至心形，基部心形。

梅花草分布于东北、华北及陕西、甘肃、新疆等地。北京百花山、东灵山、海坨山均有，生长地同上种。

梅花草

梅花草

茄科酸浆属一或多年生草本。花期6~9月。果期7~10月。

分布于我国南北各地,北京也多见。村旁、路边及四野杂草地中均有。

锦灯笼又叫红姑娘、挂金灯。它成熟的果实外面有一个橘红色的叶状"灯笼"。那"灯笼"是它的花萼胀大成的,里面有一个圆球形的红色而漂亮的浆果,非常好玩。小孩子喜欢叫它"红姑娘"。

形态特征:植株有根状茎。茎叶互生,常2叶生一处;有叶柄;叶片宽卵形,长达10cm,边缘浅波状或有粗锯齿。花单生叶腋;萼5深裂;花冠钟形,白色,5裂。浆果球形,熟时红色;而萼变橘红色,膨胀,灯笼状,包于果外。种子多数,黄色。

拉丁名：*Physalis alkekengi* var. *francheti*
英名：Brocade Lantern

# 锦灯笼

用途：带萼的果实、根、全草均入药，有清热、利咽、化痰、利尿的作用。

毛茛科水毛茛属多年生沉水草本。又称梅花藻。花期5～8月。

分布于我国东北、华北、西北等地。北京见于西山低山地区的山沟、水池中。

水毛茛为沉水植物，平时植株生长于水下，但在开花时，花朵伸出水面，一片白花，十分好看。引种于池塘中作观赏植物极宜。

形态特征：叶片扇状半圆形，直径达4cm，3～5回细裂，小裂片丝状。花两性；直径达1.5cm，有较长花梗；萼片5，反折；花瓣5，白色，倒卵形，长不及1cm；雄蕊10多个；心皮多数。聚合瘦果卵球形，瘦果狭倒卵形。

拉丁名：*Batrachium bungei*
英名：Bunge Waterbuttercup

# 水毛茛

　　近缘种北京水毛茛（*Batrachium pekinense*）特产于北京昌平南口去居庸关的山沟溪流水中。其叶有二型现象：即沉于水中的叶细裂，裂片丝状；浮出水面的叶，2～3回裂，又3～5中裂至深裂，裂片较宽，末回裂片短条形，宽0.2～0.6mm，远较上种的沉水叶末回裂片宽。此种的叶二型现象，说明叶与水环境的关系，沉水叶细丝状裂，可以减轻水流的压力；而浮水叶叶片裂片较宽，可以更好地进行光合作用，这是植物适应环境的选择。

泽泻科泽泻属多年生沼生草本。花期6～7月。
分布几遍全国。北京见于平原地区的水池和水沟中，多见。

泽泻的叶椭圆形，花较小，观赏性不如慈菇，但亦可引种为公园或庭院水池边的观赏植物。

形态特征：有球茎。叶基生；叶片长椭圆形或宽卵形，长达15cm，基部圆形或心形，有长叶柄。花茎高达80cm，花序圆锥形；花两性，外轮花被宽卵形，绿色，宿存；内轮花被片宽倒卵形，膜质，白色；雄蕊6；心皮多数，离生。瘦果扁平。

拉丁名：*Alisma orientale*

英名：Oriental Waterplantain

# 泽泻

泽泻科

拉丁名：*Alismataceae*　英名：Waterplantain Family

泽泻科中国有5属13种。

本科均为多年生或一年生沼泽水生草本。有根状茎。叶基生，有叶柄，下部常扩大成鞘；叶脉弧形，有横向小脉。花两性或单性；雌雄同株或异株；花序冠状、锥状；花被片6，2轮；外轮3，绿色，宿存；内轮3，较大，花瓣状，脱落；雄蕊6至多数；雌蕊多数或6个，心皮分离，螺旋排列于隆起的花托上或轮列于扁平的花托上，子房上位，1室，胚珠1至数个。瘦果。

识别本科应掌握好叶基生，弧形脉，心皮离生；花被6片，2轮。并区别好泽泻属和慈菇属。

**野外识别要点**：叶椭圆形。花两性，内轮花被片白色。雄蕊6。瘦果。

**用途**：球茎入药，有清热、利尿的作用。

亦为水生观赏植物。

泽泻科慈菇属多年生沼生草本。花期6～8月。
分布几遍全国。见于河边、湖边、池塘或水沟等浅水处。

　　野慈菇叶姿优美，可作为观赏植物应用于水池中。其球茎可食，是民间的一种粮食，也可作蔬菜。球茎入药。有清热止血、解毒消肿之功。

形态特征：有地下匍匐枝；枝端有球茎，圆球形。叶基生；叶片箭形，裂片卵形或线形，顶裂片长达15cm，先端锐尖，侧裂开展；叶柄长达60cm。花葶高达80cm；总状花序；花多数，常3朵轮生于节上；雌花在下，萼片形花被反卷，花瓣长于萼，白色，心皮多，聚合成球形；雄花在上，雄蕊多数。瘦果斜倒卵形，扁平，背腹均有翅。

**298**

牻牛儿苗科老鹳草属多年生草本。花期6～8月。

分布于我国东北、华北、西北、华中至四川、西藏等地。北京平原、山区习见，生路边、山坡，为杂草之一。

鼠掌老鹳草是路边一种杂草，花小，可能很少有人会想到它是一种很有用的中药。

所有老鹳草属的植物果实成熟后都会"爆炸"，这是它们传播种子的特殊方式。

形态特征：茎平卧或向上斜升，有分枝。叶对生，叶片宽肾状五角形，基部截形或宽心形；掌状5深裂，裂片卵状披针形，又羽状深裂或具缺刻。花单朵生叶腋，花梗细，有柔毛；花瓣淡紫红色；花柱短。蒴果长达2cm，有喙，成熟时果瓣与中轴分离，喙部自下向上反卷。

拉丁名：*Geranium sibiricum*
英名：Ratpalm Cranebill

# 鼠掌老鹳草

**故事：** 老鹳草这种药传说是唐代名医孙思邈发现的。一年，孙来到峨眉山，在牛心石附近找了个山洞炼丹，并为人治病。一中年打鱼人，得了风湿病，关节痛，两腿红肿，专来求治。孙思邈最初用其它药治，效果均不显。一天孙出去采药，忽见一只瘸腿的老鹳在山上啄食一种草。孙思邈想，老鹳可能是在为自己治病，便前去认明老鹳吃的草，采了一些带回来，熬成药汁，让那病人喝。结果，一剂消痛，连服3剂，肿就消了，服5剂就能走路了。从此，孙思邈专用此草为人治风湿病，效果很好。就将这种草名为"老鹳草"。

相近种老鹳草(*Geranium wilfordii*) 分布于东北、华北、华东，北京有分布。与本种区别为老鹳草的叶掌状3深裂，中裂片较大，菱状卵形；聚伞花序有2花，腋生。其带果全草入药，与鼠掌老鹳草有同样功能。

老鹳草

败酱科缬草属多年生草本。花期6~7月。

分布于从东北、华北至西南各地。北京见于山区海拔近2000m的亚高山草甸中。

缬字在辞海中的解释是：彩结；眼花时所见的星星点点。缬草以缬字为名取的是哪种意思我们不得而知。不过从它的小花五瓣近似五星形；花序如彩缬来看，似乎都有一定的道理。

形态特征：有匍匐的根状茎，闻之有强烈的刺鼻气味；地上茎有纵棱，高达1.5m。叶对生，羽状深裂，裂片较窄，全缘或有齿。花序顶生，伞房状三出圆锥聚伞花序；花小，花冠粉红或白色，5裂；雄蕊3，生于花冠管上；子房下位。瘦果卵形，顶端有羽毛状冠毛；为花萼裂片长成。

用途：根有麝香味，可做香料。

根和根茎入药，有安神、镇静、祛风解痉、生肌止血的功效，用于心神不安、胃肠痉挛、腰腿疼痛、跌打损伤等。

**用途**：手参的块根入药，有补益气血、生津止渴的功能。用于治肺虚咳嗽、神经衰弱。

兰科手参属多年生草本。花期6～8月。

分布于我国东北、华北、西北至四川和西藏等地。北京西部、北部山地均有，习生于海拔1800m以上草甸中。

手参在《本草纲目拾遗》中称之为佛手参，因为它的块根肉质似佛手。古代民间传说：药王孙思邈一年在陕西太白山上采药草，发现一个人参娃娃，药王很高兴，命人作了个红肚兜，让人

**形态特征**：茎直立，有掌状分裂似手掌形的块根。叶3～5片，狭椭圆形至狭椭圆状披针形，叶基部鞘状抱茎。穗状花序呈圆筒状，具小型花多数；花粉红色；花冠的唇瓣倒卵形，上部3裂，中裂片稍大，唇瓣有距，距弯曲呈镰刀状。蒴果长圆形。

参娃娃穿上。人参娃娃贪玩，趁药王出门时溜下了太白山，他向东北方向走，竟走到了长白山。他见长白山林下有数不清的人参娃娃在玩耍，就参加了进去。不想回太白山了。

药王回来不见人参娃娃，就派人去找。找到长白山时，发现人参娃娃正在树下睡觉。人参娃娃不肯回去，来人就硬把他的双手捆住，拖回了太白山。到了太白山，才发现只捆住了一双手，娃娃本身不见了。药王十分悲痛，就把这双手埋在太白山，于是就从那儿长出了手参。成为一种特殊名药。

石竹科石头花属多年生矮小草本。又称河北丝石竹。花期7～8月。

特产于河北省。北京西部、北部山区有，生于海拔1800m以上岩石上。

河北石头花由于常生于石头上而得名。从它的叶对生，节膨大，可以明显地看出石竹科的特征。它的花期初夏，花粉红或淡紫色。虽然花小，但成片开放时亦非常美丽。

形态特征：全株无毛，由基部分枝，茎细。叶对生；较窄，条状披针形或狭长圆披针形，长不超过2.7cm，宽只有2～4mm，叶片有1条中脉。聚伞花序顶生，花较少；花萼筒钟状，有5条紫色脉，脉之间白色膜质；花瓣5，淡紫或粉红色，先端圆微凹；雄蕊10；花柱2，细条形，子房长圆形。蒴果熟时4瓣裂。

306

拉丁名：*Gypsophila tschiliensis*
英名：Hebei Chalkplant

# 河北石头花

蓼科蓼属多年生草本。花期5～7月。

分布极广，我国南北各地均有。北京平原山区均多见，为田野、荒地、路边杂草之一。

蓄蓄，亦称扁畜。扁指此草的茎圆而扁，畜指其叶细绿如竹。因为草本，故加草头，称蓄蓄。

蓄蓄的植株矮小，花更小，可是如果你蹲下身来仔细观察一下，就会发现它那粉红色的小花颇具风姿。

形态特征：植株较矮。单叶互生；叶片小，长圆状倒卵形；全缘。花生叶腋，1～5朵成簇；花被5裂，裂片边缘呈粉红色或白色；雄蕊8。瘦果三棱卵形。

拉丁名：*Polygonum aviculare*

英名：Knotgrass,Knotweed

# 萹蓄

**用途：**萹蓄的嫩茎叶在古代就是一种野菜，开水烫后凉拌、炒食或切碎后与面粉混和蒸食，味道可口。也可作干菜，其营养价值很高，含蛋白质、脂肪、糖类、钙、磷、胡萝卜素、维生素P、维生素$B_2$、维生素C等多种营养成分。全草入药，有消炎止泻、清热解毒的功能。

**野外识别要点：**小草本。托叶鞘膜质。叶小，全缘。花腋生，花被裂片边缘呈粉红色。

蓼科蓼属一年生草本。花期6~7月。
分布几遍全国各地。北京极多。

　　酸模叶蓼是一种较常见的蓼科植物，平原、山区皆有，习生于水沟边湿地，有时下部浸于水中。路边、水渠边有时成片。

**野外识别要点**：其花穗花密集，且组成圆锥花序。但有时矮小植株仅顶生1花穗。其花被常4裂；雄蕊6。果实扁卵圆形，外有包裹的宿存花被。叶下面有时密生白毛，是其变种。

**形态特征**：茎直立，高矮变化大，矮的仅约20cm，即可开花结果，高的可达1m以上；茎的粗细变化也大，常粉红色，节部膨大。叶披针形或宽披针形，先端渐尖，基部楔形，全缘；托叶鞘筒状，膜质，先端常截平。几个花穗组成圆锥花序，顶生或腋生；花淡绿色或粉红色；花被常4深裂，偶5深裂，裂片椭圆形；雄蕊6；花柱2。瘦果卵圆形，扁，两面平，黑褐色，有光泽；花被宿存，包于果外。

**310**

拉丁名：*Polygonum lapathifolium*
英名：Dockleaf Knotweed

# 酸模叶蓼

蓼科

**拉丁名**：Polygonaceae **英名**：Knotweed Family

蓼科中国有12属约200种。

蓼科的茎叶最大特征是有托叶鞘，托叶鞘多是呈膜质的，包在茎上。茎多为草质茎，少有木质茎。叶片或大或小变化大，常全缘。花常常较小，组成穗状、冠状或圆锥状的花序，多为顶生；花不分萼片和花瓣，常称花被片，3～6裂片；雄蕊6～9个。瘦果小，三棱形或扁圆形。

蓼科有著名花草红蓼；有著名药用植物何首乌、拳蓼、大黄。

**用途**：全草入药，可清热解毒、利湿止痒，治肠炎痢疾。

蓼科蓼属一年生草本。花期7～9月。

分布于东北、华北、华南、西南等地；北京有栽培，也见有野生的，生荒地和水沟边。

夏天野游至农村房舍附近，常会看见红蓼，乡村里喜欢种植它作花卉观赏。它植株高，花序宽散，盛花时的确很好看。

形态特征：茎粗壮，上部多分枝，主茎高达2m。叶片大、宽椭圆形、宽披针形或近圆形；端渐尖，基部圆形或稍心形，全缘，两面有毛；托叶鞘顶端绿色。圆锥花序顶生或腋生，苞片卵形，每苞内可出多朵花，开花时花穗下垂；花被裂片5；雄蕊7，有呈齿状的花盘；花柱2。瘦果圆形，稍扁，黑色；包于宿存的花被内。

拉丁名：*Polygonum orientale*
英名：Red Knotweed

# 红蓼

**用途**：本种花序宽大，鲜红色，美丽，民间多种植于宅旁供观赏。果实入药，名"水红花子"，有活血、止痛之功。

———— 托叶鞘

**野外识别要点**：植株高大，花序圆锥形，花穗下垂，红色。叶片大。

　　北京假报春是生于山地林下的矮小野生花卉。它花期较早，在山坡上各种植物刚返青时即吐露出粉红色的小花。野外游玩时很容易被匆匆而过的你忽略。只有当你静下心来欣赏林下景色时，才能领略到它美丽的芳姿。

形态特征：基生叶有长叶柄；叶片薄质，心状圆形，掌状浅裂，裂片不整齐，有尖短齿，两面有疏生柔毛。伞形花序有多朵花，花梗细弱不等长，有疏柔毛；有短腺毛；花冠紫红色，钟状，裂片5，长圆形；雄蕊5，外伸；花柱外伸。蒴果椭圆形。

拉丁名：*Cortusa matthioli*
英名：Matthiol Cortusa

# 北京假报春

报春花科假报春属多年生草本。花期6月。

分布于我国东北、华北、西北等地。北京西部山区生于海拔1800m以上山坡阔叶林下或草坡中。

用途：它的花莛特殊，花朵色美，可以引种驯化至平原的花园供观赏。

虎耳草科落新妇属多年生草本。又称红升麻。花期6~7月。

分布于我国东北、华北，南至湖北、江西。西北至陕西、甘肃等地。北京山区有生长，生于山沟水边。

落新妇的花序较长，花密集，紫红色，美观，可作自然式插花花材，亦可引种入公园水边作观赏植物。

形态特征：高可达1m；有肥厚的根状茎。基生叶2~3回三出羽状复叶，小叶卵状长圆形、菱状卵形或卵形，长达8cm，先端渐尖，边缘有重锯齿，无毛或沿脉有锈色毛；茎生叶小，有托叶。圆锥花序狭，长达30cm，总花梗有棕色长毛，花小而密集；花萼5深裂；花瓣5，紫色或紫红色，狭条形；雄蕊10；心皮2，离生，子房上位。蓇葖果2。

拉丁名：*Astilbe chinensis*
英名：Chinese Astilbe

# 落新妇

用途：根状茎或全草入药，称红升麻，有散瘀止痛、祛风除湿的作用，治跌打损伤、风湿关节痛、毒蛇咬伤。

野外识别要点：2～3回羽状复叶；花序大，花小而密，紫红色；每小花有2蓇葖果。

蔷薇科地榆属多年生草本。又称黄瓜香。花期6～8月。

分布于我国东北、华北、西北、华中至华南等地。北京山区极多见，多生于山沟及阴坡灌丛中或林下。

地榆的花序为穗状花序，很像蓼科植物，它是蔷薇科中较特殊的种类，其小叶似榆叶，初生时布地，故称地榆。地榆分布的海拔范围较宽，在湿润、多雾的亚高山顶上生长最好，开花时极美；在低海拔干旱地区外观较差。

**形态特征：** 株高可达1.5m。奇数羽状复叶；小叶2～7对，每小叶皆有一短柄；叶片长椭圆形，边缘有尖锯齿。将新鲜嫩叶揉碎闻，有一股生黄瓜气味，因而又称"黄瓜香"。穗状花序圆柱形或倒卵形，有点像桑椹，暗紫红色；花小而密，萼片4，粉红色；无花瓣。瘦果。

拉丁名：*Sanguisorba officinalis*
英名：Garden Burnet

# 地榆

**用途**：地榆的嫩苗可食，先开水烫过再清水漂洗去苦味再炒食；其花穗也可食用。

　　地榆的根含地榆皂苷，为凉血、止血、收敛、止泻的药。现代医学认为，地榆能缩短出血时间或凝血时间，并能收缩血管，有止血作用。

兰科绶草属多年生草本。又称盘龙参。花期6～8月。
分布几遍全国。北京各山区均有，生于山坡草丛中，较少见。

　　绶草很少成片生长，是一种较难见到的兰
科小花。它的花序螺旋扭转，极有特色。

用途：本种花序形态奇特，花淡红、美丽，作盆栽极宜，但不易引种
繁殖。

形态特征：高不过40cm。根数条肉质，白色。茎基部有数叶，叶片条状披针形
或倒披针形；茎上部叶呈鞘状。穗状花序顶生，螺旋状旋转着生；花小，淡红
色；苞片卵状披针形，稍长于子房；中萼片狭，侧萼片披针形；两侧花瓣直
立，稍短于萼，长圆形，钝头，唇瓣上部边缘有不整齐细裂而皱缩，顶端略反
曲。蒴果椭圆形。

拉丁名：*Spiranthes sinensis*
英名：China Cadytress

# 绶草

兰科

拉丁名：Orchidaceae　英名：Orchid Family

兰科中国有166属1000多种。

多年生草本，陆生、腐生或附生。有根状茎或块茎。有气生根。茎直立、攀援或匍匐，常在基部膨大成假鳞茎。叶基生或茎生，全缘，少有对生叶；叶常具平行或弧形脉。花序各种：花多两性；花被片6，2轮，外轮3片萼片状；内轮3片花瓣状，其中向轴的1片较大，有种种特别形状，称为唇瓣，由于子房和子房柄行180°扭转的关系，使唇瓣位于下方，唇瓣基部常有距或为囊状；雄蕊与花柱合生成合蕊柱，位于唇瓣的上方，与唇瓣相对，雄蕊1个，少2个，花药2室，每室有1~4个花粉块，有花粉块柄；子房下位，多为1室，侧膜胎座，柱头3，其中2个侧生的能育，另1个不育，呈1个小突起，位于柱头与花药之间，称为蕊喙；蕊喙位于柱头上方，其上形成1~2个粘盘。蒴果直立或下垂，纵裂，裂缝3~6条；种子微小如尘，极多。

兰科的识别重在花的形态结构。首要的是在花瓣中有1个唇瓣，特宽大，成种种奇怪形态。认识此点对判断一株草花是否为兰科十分重要。另外，如花期已过，则认识兰科的又一关键是应注意：果实为蒴果、侧膜胎座；种子微小而多，果纵裂。要识别兰科的属和种，必须下大功夫，从花的差别上去分清。

兰科植物北方不多见，北京山区可见的有杓兰、角盘兰、绶草、手参、蜻蜓兰、二叶舌唇兰等。

瑞香科狼毒属多年生草本。花期6～7月。

分布于我国东北、华北、西北及河南至西南等地。北京海拔2000m以上的亚高山有分布。

狼毒的花密集、红色，非常美丽，适合做观赏栽培。但它生于高山，引种到平原有一定难度。狼毒的花有剧毒，人、畜均不能食，飞鸟走兽食之亦会致死，故有"断肠草"之名。

形态特征：茎丛生，高不过50cm。地下有粗木质根状茎。叶互生；无叶柄；叶片披针形、卵状披针形，较小，长可达3cm，宽不超过1cm，全缘；无毛。头状花序顶生，多朵花密聚，有绿色总苞；花被筒细长，淡粉红色，上部白色，5裂；雄蕊10，生于花被筒中部以上。果实干燥、圆锥形，包于花被筒之内。

拉丁名：*Stellera chamaejasme*
英名：Chinese Stellera

# 狼毒

**用途**：根入药，有散结、逐水、止痛、杀虫之功，因有毒，不能内服，外用煎水洗或研粉敷患处可治疥癣。

**野外识别要点**：茎丛生，高不过50cm。头状花序顶生，花序外有绿色总苞，花呈小管状，上部5裂，裂片平展，白色。

蓼科蓼属多年生草本。又称紫参、拳参。花期6~7月。

分布于东北、华北、西北，南至江苏、安徽等地。北京各山区多见，生高海拔的草坡中，多成片生长。

拳蓼生长在1600~2000m以上的亚高山草甸中，它的花不很美，但根状茎是一种很有用的中药。

形态特征：根茎粗厚，黑褐色，里面紫色；茎单一。基生叶宽披针形或披针形，长达18cm，先端锐尖，基部心形或截形；有长柄，叶柄有翅，长达20cm；托叶鞘膜质，棕色。穗状花序顶生，圆柱形，花小密集；苞片膜质卵形，每苞内生3花；花被5深裂，白色或粉红色；雄蕊8；花柱3。瘦果3棱形，红褐色，上半部不包在花被内。

拉丁名：*Polygonum bistorta*
英名：Bistort Knotweed

# 拳蓼

　　拳蓼的根状茎入药称"紫参"，有清热解毒、凉血止血的功效，内服治肝炎、细菌性痢疾、肠炎；外用治痈疖肿毒。

**野外识别要点：**基生叶披针形；叶柄长有翅。花序穗状，花密；白色或带粉红。

景天科八宝属多年生草本。花期7～8月。

分布于华北地区。北京百花山、小龙门、海坨山均有，生于海拔1000～2000m山地石缝中。

华北八宝原称华北景天。它花密集，粉红色。生于山地石缝中，耐瘠薄、干旱、耐寒冷。如能成功地引种入庭园假山石上是一种很美的风景。

形态特征：高10～25cm。茎丛生。根块状。叶互生，肉质，倒披针形，长1～2cm，宽不及1cm，边缘有疏齿或浅裂，几无叶柄。聚伞花序，花密集；萼片5；花瓣5，粉红色；雄蕊10，花药紫色；心皮5，花柱直立。蓇葖果卵形。

**野外识别要点：**
生于山坡石缝或
石上。叶肉质，
几无叶柄。聚伞
花序。

十字花科糖芥属多年生草本。花期4～6月。

分布于我国东北、华北及江苏、陕西等地。北京各山区多见，生于路边、山沟林下。

初夏到山区去郊游时，常能见到山崖上星星点点绽放着一朵朵橘黄色的花。远远望去，特别惹人喜爱。当你走近前仔细观察时，会发现那不是一朵花，而是一种十字花科的野花——糖芥——的花序。

形态特征：高约0.5m。茎上部有分枝；有棱，密生二叉状毛。基生叶和茎下部叶披针形或更窄，全缘 ；茎中上部叶边缘有疏生的波状小齿。总状花序伞房状；花橙黄色，直径约1cm；萼片4，长圆形；花瓣4，倒卵形，下部有爪。长角果长达6cm。

拉丁名: *Erysimum bungei*

英名: Orange Sugarmustard

# 糖芥

十字花科

拉丁名: Cruciferae　　英名: Mustard Family

　　十字花科中国有90多属，约300种。

　　本科在花期极好识别，花瓣4个，呈十字形排列。花序多是总状花序。花瓣大部分上部为瓣片，平展；下部狭长爪状，直立。雄蕊6个，其中4个稍长，称为四强雄蕊。子房或长或短，总是由2个心皮合生成，里面有假隔膜将子房分隔成2室。果实为角果，果的长宽差不多的称短角果；长大于宽的则为长角果；成熟时从基部向上开裂。因为只有十字花科才有这种果实，因此角果为鉴别十字花科的重要依据之一。

　　十字花科有重要的油料植物油菜；有许多著名的蔬菜如白菜、油菜、甘蓝、萝卜；有著名的药用植物板蓝根、葶苈；著名的花卉紫罗兰、桂竹香；著名的野菜荠菜等等。

近缘种黄花糖芥（*Erysimum bungei*），为糖芥的一个变型，特点是花黄色，不为橙黄色，较为少见。

景天科费菜属多年生草本。又称费菜。花期6~7月。

分布于我国东北、华北、西北，南达长江流域各地。北京各山区习见，多生于中山地带干旱山坡。

景天三七是一种生长在海拔1000m左右干旱山坡上的美丽野花。它初夏开花，花多，随着花序中每一朵小花的先后开放，呈现出不同的色彩和外观。

形态特征：叶肉质，椭圆状披针形至卵状披针形，边缘有不整齐锯齿。聚伞花序顶生，成平顶形；花鲜黄色，花瓣5，长圆状披针形；雄蕊10；心皮5，仅基部稍连合。蓇葖果。

拉丁名: *Phedimus aizoon*
英名: Aizoon Phedimus

# 景天三七

蔷薇科龙牙草属多年生草本。又称仙鹤草。花期6～9月。

分布于我国东北、华北至南方许多地区。北京各山区极习见，喜生于林间阴湿处草地和山沟，有时成片生长，尤其是在路边。

**故事：** 龙牙草又叫仙鹤草，其来历有种种传说。比较流行的是：古代有两个秀才进京赶考，由于路途劳累，途中一人突然流鼻血，二人只好暂时歇息。山野无医无药，不知怎办？忽见空中飞过一只白鹤，口衔一种草，将草丢在二人休息之地。流鼻血的人拾起草放口中咀嚼，不久鼻血就止了。为了感谢白鹤送良药止血之恩，就叫这种草为仙鹤草。

**形态特征：** 高可达1m以上。奇数羽状复叶；小叶3～5对，椭圆卵形，边缘有粗锯齿。顶生总状花序细长，有多花；其花小；花瓣5，黄色；花萼倒圆锥形，萼筒上部有一圈钩状刺毛，极易认识。

拉丁名：*Agrimonia pilosa*
英名：Cocklebur

# 龙牙草

龙牙草羽状复叶的小叶有大有小，很有特色；陀螺形的小果实常执着地挂在动物的毛皮或游人的衣服上。

**用途**：龙牙草的全草含仙鹤草素、仙鹤草内酯等多种成分。仙鹤草素有止血作用。并对金色葡萄球菌、大肠杆菌、伤寒杆菌等多种菌有抑制作用。龙芽草还是一种山野菜，含胡萝卜素、维生素B$_2$、维生素C。吃法是采春天初长出的嫩茎叶，开水烫过，清水漂洗几次后炒食。

败酱科败酱属多年生草本。花期7~8月。

分布于东北、华北及山东、河南等地；北京山区多见，生于干燥山坡或山沟中。

"败酱"之名，出自《本草图经》。该书谓其"作陈败豆酱气"。指它的根有很浓的腐酱气味。

形态特征：高达60cm，少分枝。茎生叶对生；中下部叶羽状裂；中部叶1~2对，羽状裂，顶端裂片大，卵状披针形或近菱形，上部叶窄。花序顶生，聚伞花序再排成伞房花序；花黄色，小；雄蕊4；子房下位。瘦果长圆柱形，翅状苞片长圆形。

拉丁名：*Patrinia heterophylla*
英名：Diversifolious Patrinia

# 异叶败酱

败酱科

**拉丁名：** Valerianaceae　**英名：** Valerian Family

　　败酱科中国有3属40种。

　　本科主要为多年生草本，少灌木。叶对生，常羽状分裂。聚伞花序或成头状花序；花萼有时裂成羽毛状(缬草属)；花冠管状，3～5裂，基部囊状或有距；雄蕊3或4，生花冠管上；子房下位，3室中仅1室发育，胚珠1。瘦果，有冠毛，冠毛羽毛状、翅状或芒状。

　　本科识别要点：草本；叶对生；花冠基部囊状或有距；子房3室，仅1室发育；瘦果有各式冠毛。

拉丁名：*Patrinia scabra*
英名：Scabrous Patrinia

# 糙叶败酱

败酱科败酱属多年生草本。花期7～8月。

分布于华北至甘肃；北京各山区均有，生山地干燥山坡。

**用途**：其根入药，有清热燥湿、止血、治疟疾的功用。

**野外识别要点**：与异叶败酱的区别为，前者茎生叶羽状深裂，裂片狭尖，质地较厚；后者叶呈琴状羽裂，裂片较宽短，质地较薄。

**形态特征**：植株高不超过60cm。茎有分枝；密生短毛。茎生叶对生，叶片质地较厚，上面略有光泽，披针形，羽状深裂或全裂，裂片狭尖锐，顶端裂片较大而长；顶生伞房花序；花黄色。瘦果圆柱形，翅状苞片常带紫色。

小

336

拉丁名：*Patrinia scabiosaefolia*
英名：Yellow Patrinia

# 黄花龙牙

败酱科败酱属多年生草本。又称败酱。花期6～7月。
分布于全国各地。北京山区多见，生于山坡、沟谷湿地。

　　黄花龙牙又名败酱，与糙叶败酱、异叶败酱同为中药，功效略有不同。根入药，称"败酱"，始载于《神农本草经》，有清热解毒，祛瘀排脓的功能，用于痢疾、肠炎、痈肿疔疮。

形态特征：高达1.5m。有根状茎，撕破其皮闻之，有强烈的陈腐刺鼻气味。基生叶簇生，长卵形，不裂或羽状分裂，边缘有粗齿，有长叶柄；茎生叶对生，2～3对，羽状深裂或全裂，顶端裂片大。大型伞房状花序，顶生；花冠小，黄色。瘦果长椭圆状圆柱形，无翅状苞片。

茜草科猪殃殃属多年生草本。花期6～7月。

分布于我国东北、华北、西北，南达长江流域各地。北京各山区均有，百花山、东灵山海拔1400～2000m的草坡很多。

"茜"字的意思是大红色。茜草科植物根茎中均含红色染料，所以得名。

蓬子菜植株具新鲜的禾草香，在欧洲被用于调酒和作果汁、冰淇淋的调味剂。叶片可泡茶引用，有强肝、利尿、镇定的作用。

**形态特征：** 茎四棱。叶6～10个轮生；狭条形，长达5cm，宽不过4mm，边缘反卷。圆锥花序顶生和上部叶腋生；花小而多，花冠黄色。果实双头形，无毛。

拉丁名：*Galium verum*
英名：Yellow Bedstraw

# 蓬子菜

茜草科

拉丁名：Rubiaceae

英名：Madder Family

　　茜草科中国有71属约490种。

　　本科多为木本，少草本或藤本。叶对生、轮生；全缘，少有裂；托叶生于叶柄间或叶柄内。花两性；整齐；萼4～5裂，果时常长大；花冠管状、盘状、漏斗状，4～5裂；雄蕊4～5，生花冠管上；子房下位，心皮2或多个，常2室，每室多胚珠。蒴果或少有浆果。

　　本科识别要点：叶对生或轮生；托叶生于叶柄之间。花基数4或5，合瓣；子房下位，心皮2。蒴果或浆果。

伞形科柴胡属多年生草本。花期7～8月。

分布于我国东北、华北、西北、华东及华中。北京山区多见，习生于海拔200～2000m山坡、路边和山沟，抗旱性较强。

**故事：** 柴胡名称的由来有个民间传说。从前，一地主家有两个长工，一姓柴，一姓胡。有一天姓胡的病了，发热后又发冷。地主把姓胡的赶出家，姓柴的一气之下也出走。他扶了姓胡的逃荒，到了一山中，姓胡的躺在地上走不动了。姓柴的去找吃的。姓胡的肚子饿了，无意中拔了身边的一种叶似竹叶子的草的根入口咀嚼，不久感到身体轻松些了。待姓柴的回来，便以实告。姓柴的认为此草肯定有治病效能。于是再拔一些让胡食之，胡居然好了。他们2人便用此草为人治病，并以此草起名"柴胡"。

340

拉丁名：*Bupleurum chinense*

英名：China Thorowax

# 柴胡

**形态特征**：主根较粗，有分枝，撕破根皮闻之有中药气味。茎单一或2~3丛出，上部多分枝。基生叶倒披针形或狭椭圆形，长达7cm，宽不及1cm，全缘，早枯；茎中部叶倒披针形或宽条状披针形，两面绿色，有7~9条纵脉，形似单子叶植物叶脉。复伞形花序多数，小伞形花序有5至多朵花；花小，黄色。双悬果椭圆形，两侧扁形，果棱狭翅状。

**用途**：柴胡的根入药，称柴胡。有疏肝、壮阳、解表的功效；可治疗感冒、上呼吸道感染、头痛、高热，并消痰止咳。

伞形科柴胡属多年生草本。花期7~8月。

分布于河北、山西、陕西、甘肃、青海和河南等地；北京东灵山、河北涿鹿县杨家坪、小五台山均见，海拔最高可达2600m以上。

柴胡属的多种均以根和根茎入药。以根和根茎颜色不同而得名。柴胡的根为灰褐色；红柴胡为红棕色；黑柴胡为黑褐色。黑柴胡生于较高海拔的山地。

形态特征：高达60cm。根黑褐色。茎直立。基生叶丛生，长圆状倒披针形；中部茎生叶狭长圆形或倒披针形，叶脉11~15；上部叶片卵形，基部扩大，有时有耳。复伞形花序，伞辐4~9；总苞片1~2或无，小总苞片6~9，卵形或宽卵形，5~7脉，黄绿色，长超过小伞形花序0.5~1倍；小伞形花序有花10多朵。花柱基干时紫褐色。双悬果褐紫色，卵形。

拉丁名：*Bupleurum smithii*
英名：Black Thorowax

# 黑柴胡

野外识别要点：小总苞片宽大，黄褐色；根黑褐色。叶宽1～2cm，基部扩大抱茎。

白花丹科补血草属多年生草本。花果期5～10月。

分布于华北、西北。生海滨、碱滩、草地、沙丘上。是盐碱地的指示植物。

二色补血草即著名的"干枝梅"，号称不凋谢的花。的确，它膜质的宿存花萼就像纸扎的一样，微干、柔韧，极为特殊。采后插瓶子中，不放水，几个月下来还跟原来的一样。

**形态特征：** 高不过70cm。基生叶匙形，长达7cm，下延为狭叶柄。圆锥花序；花两性；花萼筒漏斗状，缘部5裂，折叠，干膜质，淡粉色、白色或淡黄色，宿存；花瓣黄色，基部合生，5裂，顶端浅裂；雄蕊5；花柱5，离生。子房矩圆倒卵形，果有5棱。

拉丁名: *Limonium bicolor*
英名: Twocolor Sealavander

# 二色补血草

近缘种补血草（*Limonium sinense*），基生叶矩圆状披针形或倒卵状披针形，基部下延为宽叶柄。花较稀疏。分布于辽宁、河北、山东、江苏、福建、广东等地。全草入药，清热、止血。

用途: 全草入药，有止血散瘀的功用。

十字花科碎米荠属多年生草本。花果期6～7月。

分布于东北及河北、河南、山西、陕西、甘肃、江苏、浙江、四川等地。北京山区如百花山、东灵山海拔1200m以上山地林下多见。

花瓣4，十字排列，是十字花科的明显特征。叶为羽状复叶，果实为直的角果是碎米荠属的主要特征。

形态特征：高达80cm。有细根状茎。茎直立，不分枝。基生叶数个，奇数羽状复叶，小叶2～3对，顶生小叶卵状披针形，长3～6cm，宽1～2cm，顶端尾状渐尖，基部宽楔形，边缘有锯齿或牙齿，两面有粗毛。总状花序，分枝或不分枝；花白色；小，径约7mm；花瓣4。长角果条形，长达2.5cm，有疏毛，顶端有喙；果梗细长，长达1cm。种子长圆形；棕色。

346

拉丁名：*Cardamine leucantha*
英名：White Bittercress

# 白花碎米荠

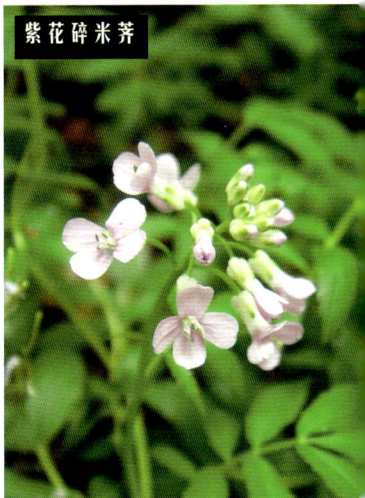

紫花碎米荠

近缘种：紫花碎米荠
（*Cardamine tangutorum*），
花淡紫色，羽状复叶具3～5
对小叶，边缘有钝齿。分布
于河北、山西、陕西、甘肃、
青海、新疆、四川、云南，北
京见于西山、百花山、密云，
生于山坡、林下。

拉丁名：*Smilacina japonica*
英名：Japan Deerdrug

# 鹿药

百合科鹿药属多年生草本。花期5～6月。

分布几遍全国各地。北京各山区均见，常生于海拔1000m左右的林下。

用途：本种的根状茎和根入药。有祛风止痛、活血消肿的功能，可治风湿骨痛、神经性头痛，外用治乳腺炎、跌打损伤、痈疖肿毒。

鹿药生山沟林下，它的叶似玉竹叶，但有毛；它的花序顶生，有密毛，而玉竹的花是腋生的。

形态特征：有横走的根状茎，茎高约20～40cm。茎生叶数枚，叶片卵状椭圆形、椭圆形，有短柄。圆锥花序顶生，有密毛；花多数，白色；花被片6，分离，长圆形；雄蕊6；子房球形，花柱1。浆果近球形，熟时红色；种子1～2。

拉丁名: *Convallaria majalis*
英名: Valley Lily

# 铃兰

百合科铃兰属多年生草本。花期5~6月。

分布于东北、华北及山东、河南、陕西、甘肃、宁夏、湖南、浙江等地。北京各山区均有，常生于山坡或山沟阔叶林下。

铃兰只有2枚基生叶，叶片椭圆形，较大。花序侧生，具鞘状鳞片；花被钟形，白色，有香气。

**用途**：全草为强心利尿药。可作盆栽观赏，亦可引种于庭园作草花。

形态特征：有匍匐根茎。叶2枚，基生；叶片椭圆形或椭圆状披针形；有长叶柄，叶柄下部鞘状，互相套迭如茎状。花莛侧生于鞘状鳞片腋部；总状花序，有花数朵，下垂；花被钟状，端6裂，白色，有香气；雄蕊6；子房卵球形。浆果球形；熟时红色。

百合科舞鹤草属多年生草本。花期5~6月。

分布于我国东北、华北、西北和四川等地。北京西部、北部山区均有，生于海拔1200m以上山沟林下阴湿而土层肥厚处，为典型的林下草本。

舞鹤草的花于早春在山林中开放，洁白的小花序配以两枚深绿色、光亮的叶片，犹如仙鹤起舞，姿形很美。

形态特征：植株矮，不过25cm。有细长的根状茎。基生叶1枚，柄长，花期时已枯；茎生叶仅2枚，偶3枚，互生茎于上部；叶三角卵形，先端渐尖，基部深心形。总状花序有10至多朵花；花白色，小；花被片4，长圆形，有1条脉；雄蕊4，短于花被；子房球形。浆果；熟时红色。

小

350

拉丁名：*Maianthemum bifolium*

英名：Twoleaf Beadruby

# 舞鹤草

**用途**：全草入药，有凉血、止血之功。治吐血、尿血、月经过多；外用治外伤出血。

**野外识别要点**：山沟林下草本。株矮。叶基深心形，仅2叶。花被片4；雄蕊4。与百合科植物一般6个花被片；6个雄蕊可区别。

　　提起萝藦人们都知道是一种中药。但认识它的人并不多。不过看到它的蓇葖果你可能就会有似曾相识的感觉了。

**形态特征**：植株有乳汁。有块根。叶对生，宽卵形或长卵形，全缘，基部心形；下面粉绿色；叶上面中脉靠中下段往往带淡紫色；有叶柄。总状聚伞花序腋生或腋外生，花多朵，萼5深裂，绿色；花冠钟状，白色有淡红色斑纹，先端反卷；副花冠环状，5浅裂；雄蕊5合生，花粉块黄色；子房上位，2心皮，离生，花柱合生。蓇葖果双生，纺锤形，长达10cm，宽达3cm；有瘤状突起。种子顶端有白毛。

拉丁名：*Metaplexis japonica*

英名：Japanese Metaplexis

# 萝藦

萝藦科萝藦属多年生草质藤本。又称婆婆针线包。花期6～8月。

分布于我国东北、华北、华东及河南、陕西、甘肃、湖北、贵州等地。北京平原、低山区均有，多攀于灌丛上。

用途：全草和果实均入药。根可补气益精，果壳可补虚、止咳化痰，全草可强壮身体、行气活血、消肿解毒。

拉丁名：*Cynanchum bungei*
英名：Bunge Mosquitotrap

# 白首乌

萝藦科鹅绒藤属多年生草质藤本。花期6～7月。

分布于我国东北、华北及陕西、甘肃、山东等地。北京各平原、山区均有，习生于山坡、山谷路旁，缠绕于灌丛上。

用途：白首乌的根入药。为补肝益肾、养血固精、健筋骨、乌须发的良药。在山东泰山地区为当地四大名药之一，人们将其等同于传统中药"何首乌"。

何首乌系蓼科蓼属之一种，拉丁名为"*Polygonum multiflorum*"其块根古代即为名药。传说古代有一何性男子体弱，年58岁尚无子。一日闲卧山林边，忽见有二藤苗蔓互缠，久之又开，开了又缠，心甚异。掘藤之块根归，捣烂为末，用酒冲服之，日服一钱。不到一年，身体强健起来，容少发乌，十年之内生数男，皆长寿。邻里方知该藤之块根为强身妙药，遂名之何首乌。

形态特征：块根粗壮。植株有乳汁。叶对生：叶片戟形，基部心形，两侧裂片圆，甚突出，中裂片狭长。伞形聚伞状花序腋生，中上部叶腋皆生花序；花白色，花冠裂片反卷；副花冠5深裂，里面中央有舌状片。蓇葖果2个，呈长角状，长达9cm。

354

萝摩科鹅绒藤属多年生草质藤本。花期6～7月。

分布于我国华北、西北，南至河南、江苏和浙江等地。北京平原及低山区有见，生于山坡、田野、路边。

**用途**：其根和乳汁入药。根有祛风解毒、健胃止痛的作用，可治小儿食积；乳汁治疣赘。

鹅绒藤在荒地上有时可成片生长，开满远看似碎絮状的小白花。它的小花细看才更有趣。

**形态特征**：植株有乳汁。叶对生；叶片宽三角状心形，长达9cm，先端锐尖，基部心形，上面绿色，下面灰绿色，有短柔毛。二歧聚伞花序腋生；花多朵；花冠白色，裂片长圆状披针形；副花冠杯状，上端裂成10条丝状体，分内外两轮；花粉块每药室1个；子房上位。蓇葖果双生或1个发育，角状圆柱形。种子有白色绢毛。

透骨草科透骨草属多年生草本。花期6～9月。

分布于我国东北、华北至南方等地。北京山区较为多见，习生于山沟水湿之地或林下。

透骨草形态极似唇形科植物：叶对生；花冠唇形；雄蕊4，二强等。但其子房不4深裂，不结4个小坚果而为瘦果，可区别于唇形科。其花部直立，开花后下垂也不同于唇形科。

**形态特征**：基本同科的特征。北京地区所见得为一变种，它与正种的区别在于茎被细柔毛。

# 透骨草

透骨草科

拉丁名：Phrymataceae　英名：Copseed Family

透骨草科中国仅1属1种。

本科重要特征：多年生草本。高达1m；茎四棱形。单叶对生；叶缘有粗锯齿，先端渐尖，基部渐狭成翅。穗状花序顶生或腋生，长达20cm；苞片、小苞片钻形；花小，紫红色、紫白色；花萼唇形，上唇3齿呈芒状钩，下唇2齿；花冠唇形；雄蕊4，2个较长，生花冠筒部；子房圆形，1室1胚珠。瘦果包在萼内，下垂并贴于花序轴上。

本科花形态近马鞭草科，但马鞭草科子房2～4室。

**用途：**全草入药，有清热利湿、活血消肿作用，可治黄水疮、疥疮、湿疹、跌打损伤，用鲜叶捣烂外敷。

报春花科狼尾花属多年生草本。花期6～7月。

分布几近全国。北京山区多见，习生于海拔500～1200m以上湿草地、林缘、路边。有时在荒废地上成片生长。

注：本种在《中国植物志》中称虎尾花；本书仍称狼尾花。

**形态特征：**高达70cm。全株有细柔毛。有根状茎。叶互生；长圆状披针形，长达10cm，全缘，两面有柔毛。总状花序顶生，下宽，渐上渐狭，呈狼尾状，早期则直伸；花萼近钟形；花冠白色，5或更多裂，裂片长圆状披针形；雄蕊5至7，内藏。蒴果球形，较小。

拉丁名：*Lysimachya barystachys*
英名：Wolftail Flower

# 狼尾花

　　狼尾花花序似狼尾，长达20cm，花白色，常与翠雀、地榆、蓝刺头等混生于海拔1500m以上林间草地。7月，几种花同开时组成绚丽的美景。

用途：全草入药，可活血调经，散瘀消肿、利尿。治月经不调、小便不利、跌打损伤、疮肿。

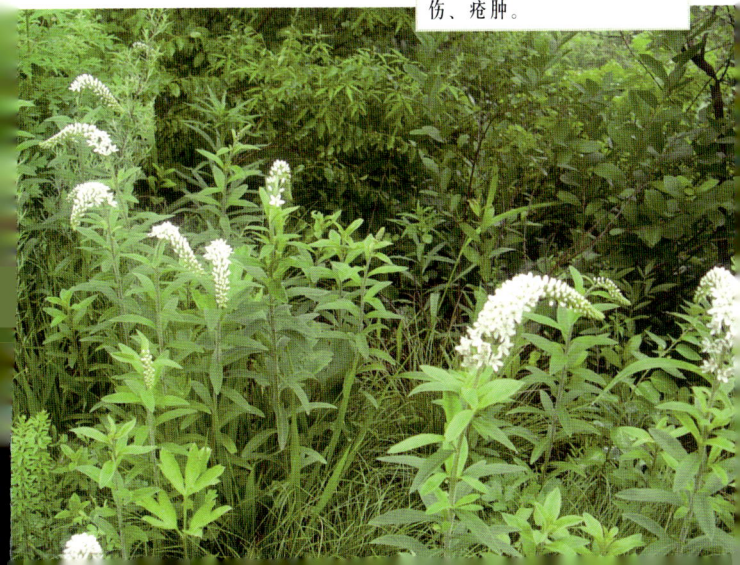

拉丁名：*Lysimachia pentapetala*
英名：Fivepetal Loosestrife

# 狭叶珍珠菜

报春花科珍珠菜属一年生草本。花期7～8月。

分布于东北、华北、华东，西南也有分布。北京山区多见，生于山坡、路边荒地上。

形态特征：高15～60cm。茎单一或分枝，被短腺毛。叶互生，狭披针形，长2～7cm，宽不超过1cm；顶端渐尖，基部狭窄成短柄。总状花序顶生，嫩时密集成头状，结果时长达10～40cm；苞片线形；花冠白色，5深裂至基部，裂片近匙形；雄蕊5，对瓣，花丝极短，基部合生；花柱不超出雄蕊。蒴果球形，径约2.5mm，瓣裂。

# 兴安升麻

毛茛科升麻属多年生草本。又称北升麻。花期7～8月。

分布于我国东北至华北。北京各山区皆有，生于海拔1000m以上山地或山沟林中。

用途：根状茎含升麻苦味素及微量生物碱，有发汗、解热、透疹、解毒、升提的作用。入药称"升麻"，治麻疹、斑疹不透等。

形态特征：高超过1m。根状茎粗厚，外表黑色，老茎死后的残基在根状茎上呈圆洞形。植株有臭气。下部的茎生叶为2～3回三出复叶；小叶卵形，羽状浅裂或基部深裂，边缘有深锯齿。圆锥花序大，长达40cm，密生小腺毛和短毛；花单性，雌雄异株；雌花萼片花瓣状，倒卵形，白色，有退化雄蕊；无花瓣；心皮4～7个；雄花的雄蕊多数。蓇葖果有白伏毛。

蓼科蓼属多年生草本。花期5～6月。

分布几遍全国。北京西部、北部山区均有，生于海拔约1800～2000m的草甸中或阔叶林下。

珠芽蓼是一种典型的高山蓼科植物。它的拉丁名种加词"*viriparum*"意思是胎生的。指的是它的花序上有珠芽，可以萌发出小形植株，就像胎生一样十分有趣。

形态特征：根茎肥厚，紫褐色，常有2～3茎出自根状茎；高不过20～40cm。叶长圆形至披针形，长达12cm，先端渐尖，基部圆形或楔形，不下延；基生叶有长柄，上部叶无柄；托叶鞘膜质，筒状。穗状花序顶生，圆柱形；花淡红色或白色；花被5深裂。花序的下半部或几全部的苞片腋内有珠芽。珠芽卵圆形，是一种营养器官而非果实，可以在每株上萌发，并于适当时脱落下地，自行繁殖长成个体；雄蕊8；花柱3。瘦果三棱形，深褐色；包于宿存的花被内。

拉丁名：*Polygonum viriparum*
英名：Bulbil Knotweed

# 珠芽蓼

珠芽繁殖是营养繁殖方式的一种，比用果实繁殖更有利，是适应高山环境产生的。

**用途：** 根状茎入药。称珠芽蓼。有清热解毒、散瘀止血的作用。可治扁桃体炎、咽喉炎、肠炎、痢疾，外用治跌打损伤、痈疖肿毒。

**野外识别要点：** 开花时，花序中有珠芽。有时见到珠芽在母株上已萌发出小形叶子，就像胎生一样十分有趣。

石竹科繁缕属多年生草本。花期6～7月。

分布于我国东北、华北和西北等地。北京百花山、东灵山、松山皆有，生于海拔1700m以上山地石头边、石缝中或林缘干燥地。

叉歧繁缕是一种初夏开花的亚高山野生花卉。其分枝多、植株宽散，外形如一垫状大团，布满白色小花，外观如经人工造型般整齐、美观。

形态特征：茎丛基部起多次二歧分枝，密生腺毛和柔毛；节部膨大。叶对生；无叶柄；叶片卵形或卵状披针形，长达2.5cm，宽不及1cm。二歧聚伞花序顶生，有多花；萼片5，背面有腺毛及短柔毛；花瓣5，白色，短于萼片，有2浅裂；雄蕊10；花柱3。蒴果宽椭圆形，6瓣裂。种子1～2个。

**野外识别要点**：茎多次二歧分枝，故全株成散团形，广展而不高。花白色，二歧聚伞花序。叶对生，卵形，有腺毛和柔毛。

**用途**：可用以绿化美化较高海拔的荒地、乱石地及山顶渡假村花园。

伞形科防风属多年生草本。花期7～8月。

分布于我国东北、华北、西北等地。北京山区海拔300～1200m
有生长，生于干旱山坡、路边,阳光充足之处，抗旱性强。

防风的花小、洁白，又多，盛开时，如繁
星点点。它的根入药首载于《神农本草经》。
其味甘辛，性温，具祛风、解表、止痛、解痉
功能。

形态特征：茎直立，二叉状分支。根粗壮。基生叶簇生；有长叶柄，基部成
鞘；叶片质地较厚而韧；2～3回羽状深裂，最终裂片狭楔形，先端有2～3缺刻
状齿；两面灰绿色；无毛。复伞形花序多数；小伞形花序有多朵花；花小、花
瓣白色。双悬果外被瘤状突起。

**366**

伞形科

拉丁名：Umbelliferae  英名：Carrot Family

伞形科中国有99属500多种。

伞形科开花时极好认识：均具复伞形花序，即由小伞形花序再组成伞形花序而成。花朵小，有花梗，排成一平面；花的萼片5，极小；花瓣5，黄色、白色、紫色为多；雄蕊5；子房下位。果实为双悬果。

伞形科不开花时，也可以通过其茎、叶的特点来识别：首先揪揪叶子一闻，有一股类似芹菜的香气。再看看叶柄，叶柄基部冠是扩大呈鞘状，有的种类鞘很大，如白芷和短毛独活。有的较小，但还是看得出，如柴胡、防风。

另外伞形科全是草本植物。叶互生，多是分裂的叶，且有的为2至多回复叶，极稀为单叶不裂且为全缘的，如柴胡。

伞形科有许多重要的药用植物，如白芷、独活、柴胡、防风、当归、辽藁本、北沙参、前胡等；有重要蔬菜如茴香、芹菜、香菜等。

伞形科独活属多年生草本。花期7~8月。

分布于我国东北、华北、河南、山东至江苏等地。北京山区有生长，多生于山沟水湿处和林下湿处。

短毛独活是伞形科中的大花种类。它的花序成平顶状，花朵之间距离近，这样便于昆虫采蜜传粉。这是复伞形花序优越之处。

形态特征：高1~2m。茎粗壮中空，上部有分枝。全株有短硬毛。基生叶和茎下部叶有长叶柄，基部鞘状；叶三出或为羽状复叶，小叶3~5，顶小叶大，卵形，长达15cm，3~5裂，边有粗大齿，两面有短硬毛。复伞形花序，直径达13cm以上，伞辐多根；小伞形花序有多朵花，小总苞片狭细，5~10个；花瓣白色，花序周边的花有不整齐的辐射瓣，2深裂；子房有短毛。双悬果宽椭圆形，侧棱边缘呈狭翅状。

# 短毛独活

　　另外其花序外缘有不整齐的花瓣，且相对增大，这样较显眼，更易吸引昆虫。进一步特化，外缘花就可能变为不结果实的花，而花瓣更增大。

**野外识别要点**：叶大形；叶柄基部鞘状；小叶宽大。花白色，外缘花有不整齐辐射瓣且2裂。与白芷的区别为：白芷的叶裂片窄；花序无不整齐的辐射状花瓣。

**用途**：根和种子含芳香油。河北有的地方以其根作白芷用。

拉丁名：*Angelica dahurica*
英名：Baizhi Angelica

# 白芷

伞形科当归属多年生草本。花期7～8月。

分布于东北、华北；北京西部及北部山区海拔1100m以上山地均有。

**野外识别要点**：高草本，有香气。叶2～3回羽状全裂，末回裂片椭圆状披针形，较窄；叶柄基部膨大呈鞘状，紫色。复伞形花序；花白色。果有宽翅。

**用途**：根入药，有发散风寒、活血止痛之功，为传统常用中药之一。

**形态特征**：高达1～2m。主根粗，有香气。基生叶与茎下部叶有长柄，叶柄基部鞘状抱茎；叶片2～3回羽状全裂，一回羽片3～4对，二回羽片2～3对，最终裂片椭圆状披针形，边缘有锯齿；茎中上部叶小，叶柄基部膨大成鞘状。复伞形花序较宽大，无总苞或仅1苞片，小总苞片10多片；小伞形花序有多花，白色。双悬果椭圆形，背腹压扁，侧棱有宽翅。

拉丁名：*Ligusticum jeholense*
英名：Jehol Ligusticum

# 辽藁本

　　伞形科藁本属多年生草本。又称"藁本"。花期7～8月。

　　分布于东北及河北、山西、山东等地。北京西部及北部山区均有，生山沟林下荫处。

**野外识别要点：** 茎带紫色，有浓香气，叶2～3回三出羽状全裂。复伞形花序直径约4cm，花白色，双悬果的侧棱狭翅状。

**用途：** 根和根茎入药，有发散风寒、祛湿止痛的作用，治风寒感冒头痛。

**形态特征：** 高可达75cm，无毛。茎较细，有分枝，带紫色。根茎有浓香。基生叶和茎下部叶2～3回三出或羽状全裂，边缘有浅或深的缺刻状裂片或锯齿，有长柄；上部叶小。复伞形花序较小，无总苞片或仅1个，伞辐10～16个；小总苞片5～10个，丝状；小伞形花序有花约20朵；花白色。双悬果椭圆形，侧棱狭翅状。

**用途**：菟丝子为全寄生的杂草，在豆科植物上尤多见，其他植物上也有，危害较大。其种子入药，有补肝肾、壮阳之功。

**野外识别要点**：要注意与另一种日本菟丝子(即金灯藤*Cuscuta japonica*)区分开。日本菟丝子的茎粗壮，常有紫红色瘤状斑点，花柱1。日本菟丝子分布也极普遍，在北京多见于山区。

**形态特征**：茎缠绕，纤细而呈淡黄色。无叶。花簇生；苞片、小苞片微小；花萼杯状，5裂，裂片三角形；花冠白色，钟状，顶端5裂，裂片反曲；雄蕊5；子房近球形，花柱2。蒴果近球形；为宿存花被所包裹，熟时周裂。种子卵形，少数。

拉丁名：*Cuscuta chinensis*
英名：China Dodder

# 菟丝子

旋花科菟丝子属一年生寄生草质藤本。又称豆寄生。花期7～8月。

分布于全国各地。北京平原、山区均有，喜生于路边草丛上或灌丛上，很常见。

**故事：** 从前有一财主家养了许多兔子，一天一长工在赶兔子时，不慎用棍子打伤了一只兔子，长工怕财主扣工钱，就悄悄地将受伤的兔子藏在一片豆子地里。又过了一日，长工去看那兔子时，兔子好像活得挺好的。长工很奇怪。为了弄清原因，他故意又打伤一只兔子放在豆子地里，自己守在地边察看。但见兔子不时伸了脖子去咬吃豆子上面的一种黄白色的草藤子的种子。一天下来，那兔子竟然又好了。前天被打伤了腰的兔子活蹦活跳地恢复了原状。长工得到了启发，他认为这种藤子的种子可能能治腰伤，就采了不少回去给自己的爹熬汤喝，治腰痛。果然他爹的病渐渐好了。他感谢这种丝状的小草治好了他爹的腰，想到这草先治好的是兔子，就叫它为兔丝子，并用这个偏方给别人治病。后人将兔字加上草字头"艹"，就成了"菟丝子"。

日本菟丝子

　　石竹科蚤缀属多年生草本。又称小无心菜、山银柴胡。花期6～9月。

　　分布于东北、内蒙古。北京山区有生长。

　　灯心草蚤缀多生于海拔2000～2300m高山石上或山坡。它的基生叶成丛，细长如禾本科植物的叶，这一特点在石竹科植物中较罕见。

形态特征：茎丛生，直立，上部有腺柔毛。基生叶簇生、细窄条形、硬质，长达25cm；茎生叶较短，基部合生成鞘状抱茎。聚伞花序顶生，有花多朵；具花梗，密生腺毛；萼片5，边缘宽膜质，有腺毛；花瓣5，白色，长圆状倒卵形，先端圆形；雄蕊10；花柱3，子房近球形。蒴果卵形，6瓣裂。

拉丁名：*Arenaria juncea*

英名：Rush Sandwort

# 灯心草蚤缀

用途：灯心草蚤缀的根入药，称山银柴胡，有清热凉血之功，治阴虚潮热。

毛茛科耧斗菜属多年生草本。花期5～7月。

分布于我国东北、华北、华东等地。北京西部及北部山区均有，生于山坡或山沟湿润地方。

**形态特征**：株高约0.5m。基生叶有长叶柄，为1～2回3出复叶；小叶菱状倒卵形或较宽的菱形，3裂，边有圆齿；茎生叶较小。单歧聚伞花序；花两性；萼片5，狭卵形，紫色；花瓣5，最有特色，也是紫色的，每瓣顶端圆截形，下部为一细长的距，距端内弯；雄蕊多数；雌蕊5。蓇葖果。

# 华北楼斗菜

华北楼斗菜有5个分离的花瓣，花瓣的下方有一个长长的距，距的末端内有蜜腺。这种奇特的形态是适应昆虫传粉行为进化而成的。要采到华北楼斗菜的蜜，必须有长喙才成。这样就限制了采蜜昆虫的种类，减少了花粉传到其他种类花上去的浪费。而长吻昆虫则专为它采蜜传粉，双方互利。

近缘种楼斗菜（拉丁名：*Aquilegia viridiflora*）与华北楼斗菜区别是：楼斗菜花的距较直伸，末端不弯曲；花黄绿色或褐紫色；雄蕊伸出花冠外。华北楼斗菜花的距末端弯曲状；花紫色；雄蕊不外伸。

楼斗菜

　　铁线莲属的许多种类都可以作为园林攀缘植物的引种对象。它们的叶片大都为复叶，姿形美丽，尤其一些大花的种类。长瓣铁线莲具多重披针形花瓣状的退化雄蕊，呈辐射对称排列，花冠蓝色稍带紫色，楚楚动人。

形态特征：2回3出复叶对生；小叶9，卵状披针形，中央小叶有时3深裂至全裂，边缘有锯齿。花单生，有长花梗；花大形，直径可达10cm；花萼钟状、开展，蓝色或淡紫色，卵形至卵状披针形，长达4cm，端渐尖，两面有短毛；退化雄蕊多个呈花瓣状，披针形，外被密绒毛；雄蕊多，有柔毛。瘦果倒卵形；宿存花柱长达4.5cm，有灰白色羽状毛。

**378**

拉丁名：*Clematis macropetala*
英名：Bigpeta Clematis

# 长瓣铁线莲

半钟铁线莲

**野外识别要点**：木质藤本。2回3出复叶对生。花朵大，蓝色或淡紫色，其中退化雄蕊多片花瓣状呈披针形。近缘种半钟铁线莲（拉丁名：*Clematis ochotensis*）退化雄蕊匙状线形。

毛茛科铁线莲属木质藤本。花期6～7月。

分布于我国东北、西北、华北等地。北京北部、西部山区均有，生于海拔1200m以上山地草坡和林下。

**用途**：本种的花朵大，色鲜艳，可引种供观赏。

马蔺属于鸢尾科。鸢尾科植物的萼片呈花瓣状，颜色也和花瓣一样，因此都称为花被。鸢尾科和百合科的花被片数目都为3的倍数，又称3数花。鸢尾科花的雄蕊贴在外轮花被上；而最里面的3枚花瓣状、端部有分枝的物体是花柱。

**形态特征**：有粗短根茎。植株基部有纤维状枯死叶鞘。叶基生，多数，条形，坚韧，灰绿色。花莛高达30cm，花1～3朵；苞片狭长；花蓝紫色，外轮3花被裂片较大，呈匙形，中部有黄色条纹；内轮3片直立；雄蕊3；花柱3分枝，花瓣状，顶端2裂。蒴果长椭圆形，有6条纵肋，顶端尖喙状。种子近球形。

大 **380**

拉丁名：*Iris lactea* var. *chinensis*

英名　China White Swordflag

# 马蔺

　　鸢尾科鸢尾属多年生草本。花期4～6月。

　　分布于东北、华北、西北、华东；北京平原极多，生于沙质地或路边，也有栽培的。

**用途**：其叶具韧性纤维，民间多用以代麻捆物。种子入药。花漂亮，可种之公园草地观赏。

**野外识别要点**：叶丛生，条形，很韧。花蓝紫色，花被片6，分2轮；花柱3，分枝蓝紫色。

鸢尾科鸢尾属多年生草本。又称白花射干。花期6～8月。

分布于我国东北、华北及陕西、甘肃等地。北京山区多见，生于干燥向阳山坡或草坡中，山路边石上也偶见。

野鸢尾即观赏花卉鸢尾的亲本之一，其花较鸢尾小，色较淡，但适应性更强，耐寒、耐旱。

**形态特征：** 高30～80cm。茎呈二歧分枝。有根状茎。苞片披针形，叶状，膜质，基部抱茎。叶蓝绿色，褶合呈剑形，稍弯。佛焰苞干膜质：花白色，有紫褐色斑点，花被片6，外轮的3片方形、外弯，基部渐狭成曲柄状；雄蕊3，生外轮花被片基部；花柱3分枝，分枝扩大成花瓣状，端2裂，子房下位，3室。蒴果狭长，可达5cm，有3棱。

拉丁名：*Iris dichotoma*
英名：Vesper Swordflag

# 野鸢尾

鸢尾科

拉丁名：Iridaceae

英名：Swordflag Family

鸢尾科中国有9属50多种。

本科重要特征是：草本。有根状茎、球茎或鳞茎。叶多基生，条形或剑形，2列，基部有套折的叶鞘。花两性；花被片6，花瓣状，2轮，基部多合生成花被管；雄蕊3；子房下位，3室，中轴胎座，花柱上部3裂成3柱头，花瓣状，胚珠多。蒴果。种子多。

本科野生花卉在北京地区有野鸢尾（又称白花射干）、矮紫苞鸢尾和马蔺。

矮紫苞鸢尾

近缘种矮紫苞鸢尾。花期4~5月。北京生于海拔1000m以上山地草甸中。

桔梗科桔梗属多年生草本。花期7~9月。
分布于南北各地。北京山区多见，生于草坡或山沟。

桔梗的花大而美，《花镜》一书描写桔梗花为："开花青紫色，有似牵牛"。清代《植物名实图考》中记述桔梗云："三四叶攒生一处，花未开时如僧帽"。因此桔梗有"僧冠帽"的别名。野生者较栽培的桔梗花稍小。

形态特征：植株有乳汁。根肉质。茎直立，上部分枝。叶3个轮生，有时对生或互生；卵形，叶缘有尖锯齿。花1~几朵生主茎顶或分枝顶；花冠蓝紫色，浅钟状，较大，直径达3.5cm，5浅裂；雄蕊5；花柱柱头5裂。蒴果。

拉丁名：*Platycodon grandiflorus*

英名：Balloonflower

# 桔梗

桔梗科

拉丁名：Campanulaceae　英名：Bellflower Family

　　本科中国有15属100多种。

　　本科几乎全为草本，含乳汁。单叶互生，少对生或轮生；无托叶。花冠合瓣，多整齐，4～5裂。雄蕊4～5。子房下位或半下位，4～5室或2～3室，中轴胎座。蒴果多种形式开裂。少为浆果。

　　本科包含重要药用植物桔梗、沙参、党参；著名野生花卉桔梗、紫斑风铃草等。

**用途**：桔梗亦为野菜，其嫩茎叶用开水烫后清水漂洗，即可炒食或作汤。其根可作腌菜，味好。朝鲜族常食用其根，多制作咸菜，自古流传有民歌"桔梗谣"。

　　根入药，主要功能为祛痰、利咽、排脓，主治外感咳嗽、咽喉肿痛、肺肿吐脓等，含桔梗皂苷、植物固醇、蔗糖、脂肪油等成分。

山芍药

毛茛科芍药属多年生草本。花期5～6月。

　　分布于我国东北、华北、及河南、陕西、宁夏、湖北、安徽、江西、贵州、四川等地。北京见于西部及北部山区，生于山地草坡、林下、林缘。

　　草芍药是观赏花卉芍药的近亲，但不是野芍药。它的花较芍药小；它的叶为二回三出复叶。二回的意思是指复叶的分支上再分支；三出复叶的意思是由3个具柄的小叶组成。

形态特征：高达70cm。根粗厚，长圆柱形。茎下部叶为二回三出复叶，有长柄；顶生小叶倒卵形、宽椭圆形、全缘，无毛或仅于叶脉有疏毛，有小叶柄；侧生小叶同形，近无柄；茎上部叶为三出复叶或为单叶。花单生，大形，直径达10cm；萼片3～5，宽卵形，淡绿色；花瓣6，白色、红色或紫红色，倒卵形，长达5cm；花盘浅杯状，雄蕊多数；心皮2～3。果卵圆形，长达3cm，熟时果皮反卷呈红色。

拉丁名：*Paeonia obovata*
英名：Obovate Peony

# 草芍药

山芍药果实

**用途**：根入药，称赤芍。有养血调经、消肿止痛之功，治月经不调、痛经、血瘀腹痛、痈疖疮疡。

**野外识别要点**：小叶倒卵形，全缘。花白色为多。成熟果实果皮反卷，种子呈红色。草芍药小叶的叶片较芍药宽、圆一些。

兰科杓兰属多年生草本。又称大口袋花。花期6～7月。

分布于我国东北、华北等地。北京百花山、东灵山有分布，生林间草甸。

大花杓兰花大艳丽，形态奇特，在我国华北地区是一种非常美丽、珍贵的草本野花。如可将其引种驯化，可成为极高档的观赏花卉。

形态特征：株高不过0.5m。叶3～5片，互生；叶片椭圆形至卵状椭圆形，长可达20cm，基部有短鞘，包在茎上。苞片叶状；花单生，紫红色，最大特点是花瓣中的唇瓣呈囊状，长达5cm，形如口袋，故又称大口袋花。蒴果。

拉丁名：*Cypripedium macranthum*
英名：Bigflower Ladyslipper

# 大花杓兰

**用途：** 大花杓兰的根、根茎和花均可入药，有利尿、消肿、活血、散瘀、祛风、镇痛的作用。可治下肢水肿、小便不利、风湿腰腿痛等。

石竹科石竹属多年生草本。花期7～8月。

分布于东北、华北、华东、西北。北京东灵山、百花山均有，
生于海拔1500m以上山地草坡。

瞿麦茎上有黏汁，触摸黏手。此种黏汁的
生物学特性是维护茎上部的花，当昆虫之类沿
茎上行时，会被粘住无法行进，上部的花朵得
以免于受害。

形态特征：高达50cm。茎直立，有黏汁，上部有分枝。叶对生；条状披针形，
先端长渐尖。花单生，或疏聚伞状；萼下有苞片2～3对，萼圆筒形，带紫色，
萼齿5；花瓣5，淡红色，瓣片边细裂成流苏状；雄蕊10；花柱2。蒴果狭圆筒
形；包于宿存萼内。

拉丁名：*Dianthus superbus*
英名：Fringed Pink

# 瞿麦

石竹科

拉丁名：Caryophyllaceae　　英名：Pink Family

　　石竹科中国有31属300多种。

　　石竹科均为草本。叶对生，全缘，节部(叶着生处)稍膨大，一般无托叶。石竹科的花萼片4～5，宿存，分离或合生成筒状；花瓣4～5，红或白色，分离，常分为瓣片和爪两部分，在瓣片和爪之间有时有2个鳞片状附属物；雄蕊8～10个，有时4～5个；心皮2～5个合生，花柱2～5个，特立中央胎座。蒴果。

　　石竹科有著名的野生花卉石竹、剪秋萝、瞿麦；栽培的著名花卉有香石竹(又称康乃馨)；药用植物著名的有瞿麦、王不留行。

用途：全草入药，称"瞿麦"，有清热、利尿、活血通经之功。

用途：大火草不仅花大而且形态也美，有很好的观赏价值，可移栽于公园。其根入药。可治肠炎、痢疾、蛔虫病。但有毒，应慎用。

毛茛科银莲花属多年生草本。花期5～8月。

分布于我国河北西部、河南、山西、陕西、甘肃和四川等地。在河北西部太行山地区如平山县山区即可见此种，且较普遍。生于山野、山坡地带。

大火草又叫野棉花，它的花在毛茛科中算是中型的。它的花多，花期较长，姿色也很美，适合引种作园林观赏植物。

形态特征：有基生叶3～4枚，为三出复叶，偶有单叶；小叶卵形，较大，长达16cm，3裂，边缘有粗齿或为小牙齿；上面有短伏生毛，下面有白色绒毛；叶柄很长，达48cm。花葶高达1.2m，密生绒毛；总苞具3片，叶状；聚伞花序长近40cm，有2～3回分支，花梗长，有绒毛；萼片5，粉红或白色，倒卵形，长达2cm以上，背面有绒毛；花瓣缺；雄蕊多数；心皮数极多。

大

**392**

拉丁名：*Anemone tomentosa*
英名：Tomentose Windflower

# 大火草

**野外识别要点**：叶为三出复叶，有时有1~2单叶；边缘有粗锯齿或小牙齿，下面密生白色绒毛；叶柄长可达50cm。花葶高可达1m以上，密生短绒毛；花白色或带粉红色；心皮可多达500枚。

百合科萱草属多年生草本。又称金针菜。花期5～7月。

分布于东北、华北等地，西至陕西、甘肃；东达山东。北京山区海拔1000～2000m处山地阳坡有生长。

黄花菜又叫金针菜，是我国传统的干菜，味道鲜美。以河南淮阳所产的油性最足，质量最优。黄花菜的雄蕊含秋水仙碱、有毒。因而，采摘后要先经高温蒸或煮后方可食，高温可破坏秋水仙碱，去毒。或者摘去雄蕊不食。

**形态特征**：有短根茎和稍粗的须根。叶基生，条形。花莛不高于叶，几无分枝，顶生1～3朵花；花被淡黄色；花被片6，管部长1～2.5cm，偶稍长，裂片长可达5～6cm；雄蕊6，生花被管上端处；子房3室，胚珠多。蒴果椭圆形或更长，长达2.5cm。

拉丁名：*Hemerocallis minor*
英名：Small Yellow Daylily

# 小黄花菜

　　传说秦末农民领袖陈胜荒年乞讨时曾受黄氏母女的一碗黄花菜饭之恩，后来他起义在陈县（今淮阳）称帝后，便下令在陈县种植黄花菜，并以黄家姑娘金针的名字命名这种菜。

　　近缘种：在北京山区还有一种北黄花菜。花期6~8月。分布于东北以及河北、山西、山东、江苏、陕西等地；北京北部及西部山区有生长。生于海拔1000m以上山地草甸和灌丛中。

用途：根入药。可解热、利尿、消肿。

野外识别要点：小黄花菜的花序不分枝，只有1~2朵花。而北黄花菜（拉丁名：*Hemerocallis lilioasphodelus*）花序有分枝，花至少4朵，也可至更多朵。

北黄花菜

黄花菜

藤黄科金丝桃属多年生草本。又称金丝蝴蝶。花期7~8月。

分布于我国东北、华北至长江流域。北京海拔200~1200m山区多见，喜生于林缘半阳山坡灌丛、或高草丛中，山沟湿地也有。

红旱莲是山区林缘一种较少见而又十分美丽的野花。它的花形奇特、花大色鲜艳，极有观赏价值。

形态特征：叶对生，卵状长圆形，基部抱茎。顶生聚伞花序，花多朵；花大，直径达5cm；萼片5；花瓣5，金黄色，倒披针形，呈"万"字形旋转排列；雄蕊多数，分5束结合，花丝金黄色；花柱5，分离。蒴果。

# 红旱莲

藤黄科

拉丁名：Guttiferae

英名：Garcinin Family

藤黄科中国有8属约40种。

本科草本、灌木或乔木均有，有时亦为藤本。单叶，对生或轮生；叶全缘；无托叶。花萼2～6片；花瓣2～6；雄蕊4或多数，合生成3束或更多束；心皮1～15，多为3～5，合生，中轴胎座，胚珠多，柱头与心皮同数。多蒴果，少浆果或核果。

本科花的一个重要特征是雄蕊结合成3束或多束。花柱长，柱头3～5裂。蒴果。叶对生等。

本科野生花卉有红旱莲（又称黄海棠）及野金丝桃。

**用途**：红旱莲全草入药。有凉血、止血、清热解毒之功。治吐血、咯血、衄血、黄疸、肝炎。

罂粟科罂粟属多年生草本。又称山大烟。花期6～7月。

分布于东北、华北至陕西、甘肃等地。北京生于海拔1900～2000m以上亚高山草甸中。

用途：其未熟果皮有乳汁，但不含鸦片，因此为非毒品植物。

顾名思义。野罂粟是罂粟的近亲，它也是园林花卉虞美人的近亲。它的花大、颜色也美，是游人最喜欢的野花之一。如能引种成功是很好的观赏植物。

形态特征：有乳汁；全株有粗毛。叶全基生，有长柄，叶羽状深裂，两面有微硬毛。花单生于长花梗之顶；萼片2片，外有硬毛，花开即落；花瓣4，黄色或橘黄色，倒卵形，先端微有缺刻；雄蕊多数；子房顶端有5～9个放射状柱头。蒴果。

拉丁名：*Papaver nudicaule*
英名：Nakestem Poppy

# 野罂粟

罂粟科

拉丁名：Papaveraceae　英名：Poppy Family

　　罂粟科中国有20属约230种。

　　本科植物含乳汁或含有色汁。全为草本。叶互生，无托叶。花的特点是萼片2，早落，大型或细小；花瓣常为4或6，分离。雄蕊多数，离生，或4、6枚合生为2束。子房上位，2心皮或多心皮合生，柱头2裂或呈放射形，侧膜胎座，胚珠多。蒴果瓣裂、孔裂或纵裂。

　　应注意罂粟属的花萼片2，大、早落。心皮多个合生，无花柱，柱头放射状。蒴果孔裂。

　　本科含著名花卉荷包牡丹、虞美人；毒品植物罂粟；著名药用植物延胡索。北京山区罂粟科著名的野生花卉有野罂粟、黄堇、白屈菜等。

　　剪秋萝喜生长在阔叶杂木林的林荫下，
阶段性有水的溪边低湿地上。其花大，颜色鲜
艳，独特，很美。它的花瓣裂片深浅及爪的长
短因类群不同而有一定差异。

形态特征：高可达80cm。全株有长柔毛；茎单一直立。叶对生；无柄，卵状长
圆形，长可达10cm；两面有较硬的毛。聚伞花序顶生，有3～7花；花较大，径
可达5cm；花萼呈棍棒形，有10条纵脉；花瓣5，上部平展，橘红色或鲜红色，
先端2裂较深，下部为细长爪状；雄蕊10个；子房棍棒状，花柱5根。蒴果长卵
形，熟时顶部5齿裂。

拉丁名：*Lychnis fulgens*
英名：Campion

# 剪秋萝

石竹科剪秋罗属多年生草本。又称大花剪秋萝。花期6～9月。

分布于我国东北至华北地区。生于山沟水边或荫处。

**野外识别要点**：叶对生，有长柔毛；花橙红色至红色，较大，鲜艳；花柱5；花瓣顶端有2裂，但有不同类型。

百合科百合属多年生草本。花期6～7月。

分布于我国东北、华北、向南至山东等地。北京各山区均有，习生于阴坡林下或亚高山草甸中。

有斑百合花大、颜色鲜艳、美丽，它的花期在初夏，是游人最喜爱的野花之一。如得以引种、驯化，将是很好的园林观赏花卉。

形态特征：鳞茎卵球形；白色。叶互生；条状披针形。花顶生，直立；花被片6，不反卷；花红色或橘红色，有紫色斑点；雄蕊6，花药紫红色；子房圆柱形。蒴果长圆形。种子多数。

拉丁名：*Lilium concolor* var. *pulchellum*

英名：Stout Morningstarlily

# 有斑百合

**野外识别**：有斑百合应注意与山丹分开。山丹花被片反卷，花下倾，叶较狭窄而多；有斑百合花直立，花被片不反卷，叶较宽。有斑百合偶见有黄色花者。

**用途**：有斑百合的鳞茎可食用，也入药。有润肺化痰的功能。

百合科百合属多年生草本。又称山丹丹花。花期7~8月。

分布于我国东北、华北、西北及河南、山东等地。北京山区多见，生于山地阴坡林下、山脊，有时在悬崖峭壁上略有土层处生长，抗旱性强。

山丹与有斑百合的区别为：本种叶狭窄，略弯，较密集。花红色，下倾，花被片反卷；而有斑百合叶较本种的宽，花直立，花被片不反卷。

形态特征：茎直立。地下有白色鳞茎，呈卵形。叶互生，狭条形，略弯曲，较密排列。花1~3朵顶生，有时花多朵，呈总状花序；花鲜红色，呈下垂形；花被片6，反卷；雄蕊6，花药红色；子房圆柱形。蒴果长圆形。

拉丁名：*Lilium pumilum*
英名：Low Lily

# 山丹

**山丹丹花朵为什么红艳？**

山西省有个传说：凡是山丹丹花生长茂盛的地方，那地下必有煤矿。从前山西大同七峰山下有个土煤窑，窑主成年压榨矿工。有个老矿工懂得窑下通风的窍门，他用这个窍门迫使窑主答应不扣矿工工钱，不打骂矿工。窑主派人绑起老矿工毒打，想让他说出通风的秘密。老矿工往山上走，宁死也不说，身上的血滴在地上就长出了山丹丹花。矿工妻子继续保持着这个秘密。窑主没法，只好答应了条件。人们怀念老矿工，说山丹丹花是他的血染红的。

**用途：**山丹的鳞茎可以食用，类似百合；也可入药，有滋养强壮、止咳祛痰的作用，亦似百合。

近缘种卷丹(*Lilium lancifolium*)叶比山丹叶宽厚；茎中上部叶腋生珠芽，紫黑色，有光泽；花橙黄色，花被片反卷；花朵远大于山丹丹花。北京山区有生长，多生山沟水湿处。由于近几十年山区环境变化大，采挖其鳞茎者多，今已极稀见。

茄科曼陀罗属一年生草本。花期6～10月。

分布几遍全国。北京平原、山区均见，生路边草地，村旁荒地。也有栽培的。

曼陀罗花有麻醉作用，传说汉代名医华陀曾用曼陀罗花制麻沸散用于剖腹手术的麻醉。又有传说曼陀罗可制"蒙汗药"。明代李时珍《本草纲目》记载，李采了曼陀罗花泡酒，自己饮下，确有飘飘然昏昏然之感。

**形态特征**：高达1.5m。叶互生；宽卵形，先端渐尖，基部楔形，不对称，边缘有不规则的波状浅齿裂；有叶柄。花单生枝叉处或叶腋，直立，大形，有短柄；花萼筒状，有5棱角，5浅裂；花冠漏斗状，长6～10cm，上部白色或淡紫色，下部带绿色，5浅裂；雄蕊5；子房卵形。花后从萼基部断裂，宿存部分随果实增大。蒴果直立，卵形，有硬刺，偶无刺，熟时4瓣裂。种子稍扁，黑色。

**406**

拉丁名：*Datula stramonium*
英名：Jimsonweed

# 曼陀罗

**用途**：曼陀罗叶、花和种子均可入药，有麻醉、镇痛、平喘、止咳的作用,治支气管哮喘、胃痛、牙痛、风湿痛。现代科学验证，曼陀罗花、叶、种子含茛菪碱、东莨菪碱等成分，可用作抗胆碱药，作用与颠茄相似。

茄科

拉丁名：Solanaccae

英名：Nightshade Family

　　茄科中国有24属约100多种。其中最大的属为茄属。茄属重要特征是花药顶孔开裂，果为浆果。

　　茄科的花冠辐射对称，花冠钟状或漏斗状，常5裂；花色各种；雄蕊5，生于花冠管上；子房上位，由2心皮合生成。果实为浆果或蒴果。

　　茄科茄属中有农作物马铃薯(土豆)；蔬菜西红柿、茄子、辣椒；烟草；药用植物中重要的有颠茄、枸杞、曼陀罗、酸浆等。

蓼科酸模属多年生草本。又称土大黄。花期5～8月。

分布于东北、华北和西北。北京平原地区和山区均极多见。习生于水湿处、田边、荒草地上。

**用途：**其根入药，有清热解毒、活血散瘀的功效。

巴天酸模可以像菠菜一样做汤或凉拌、煮食。它的嫩叶富含维生素、钾和草酸，味道清淡，随着植株的长大，清新味越来越浓，是很好吃的野菜。特别是它的叶片大，容易采集，很适合于夏季郊游时野餐品尝。

**形态特征：**茎仅上部分枝。根粗壮黄色。基生叶长圆披针形，长可达30cm，宽达12cm，基部圆形或微心形，全缘而有波状边缘；上部叶变窄小；叶柄长而粗；托叶鞘筒状膜质。圆锥花序顶生和腋生；花被片6，2轮，内轮3片在结实时增大，宽心形，其中1片有瘤状体，偶3片均有瘤状体；雄蕊6。瘦果三棱状，有光泽；包于宿存的内轮花被内。

拉丁名：*Rumex patientia*
英名：Patient Dock

# 巴天酸模

蓼科

拉丁名：Polygonaceae

英名：Knotweed Family

蓼科中国有12属约200种。

蓼科的茎叶最大特征是有托叶鞘。托叶鞘多是呈膜质的，包在茎上。茎多为草本，少有木本。叶片或大或小变化大，常全缘。

花常常较小；组成穗状、总状或圆锥状的花序，多为顶生；花不分萼片和花瓣，常称花被片，有3～6裂片；雄蕊6～9个。瘦果小，三棱形或扁圆形。

蓼科著名的野花有红蓼；著名药用植物有何首乌、拳参、大黄等。

用途：根和茎入药，有清热、解毒之功，治咽喉炎、扁桃体炎。

防己科蝙蝠葛属木质藤本。花期5~6月。

分布于东北、华北至华东地区；北京各山区多见，习生于山地岩石缝中或灌丛中。

蝙蝠葛又称山豆根、汉防己。它的根和防己的根一样入药。此外，韧皮纤维可代麻、可作造纸原料；种子含油约17%，榨油可供工业用。

形态特征：叶圆肾形或卵圆形，基部浅心形或近截形，全缘或3~7浅裂，掌状脉5~7，叶柄盾状着生。花单性，雌雄异株；花序腋生，圆锥状；花黄绿色，雄花有萼片6个；花瓣6~8，小于萼片；雄蕊12个或更多。果实核果状，呈圆肾形，径约1cm，熟时黑紫色。

**410**

拉丁名：*Menispermum dauricum*
英名：Daur Batkudze

# 蝙蝠葛

防己科

拉丁名：Menispermaceae　英名：Moonseed Family

　　防己科中国有18属62种。

　　本科多木质和草质藤本。单叶互生；常有掌状脉；无托叶。花小，花序多种，花单性，雌雄异株；萼片、花瓣常6个，2轮排列；雄花有雄蕊6个，少3个；雌花有3～6心皮，离生，少2或1心皮，子房上位，1室，胚珠2个，1个发育。核果。

　　本科在北京分布的野生种仅1属1种，即蝙蝠葛。

**野外识别要点**：藤本。叶柄盾状着生，叶片有掌状5～7脉。花小，黄绿色。果圆肾形。

大戟科大戟属多年生草本。又称猫眼草。花期5～6月。

分布于我国东北、华北地区。北京山区、平原均多见，生于荒地、路边、草地中。

乳浆大戟的花序极为奇特，花又极简单。雄花无花被，仅1雄蕊；雌花无花被，仅1雌蕊。细心观察，很有趣。虽为野草，也极有观赏价值。

形态特征：高不过50cm。分枝多。叶条状披针形，全缘，无毛。花单性同株；无花被。多数雄花与1雌花生于一杯状的总苞内组成杯状聚伞花序，杯状总苞顶端4裂，裂片间有新月形腺体，杯状聚伞花序又生于小伞梗顶端的苞腋，小伞梗生于伞梗的半圆形苞内，多个伞梗共同出自茎端轮生的苞叶内，苞叶4～5个；雄花仅有1个雄蕊，花梗与花丝之间有关节。雌花单生于杯状总苞的中央，子房柄伸出总苞之外；子房3室，每室1胚珠，花柱3，分离或结合。蒴果。

**412**

拉丁名：*Euphorbia esula*
英名：Leafy Spurge

# 乳浆大戟

中国植物志将猫眼草（*Euphorbia lunulata*，又称华北大戟)作为乳浆大戟（*Euphorbia esula*)的异名。

---

**大戟科**

拉丁名：Euphorbiacea　英名：Spurge Family

　　大戟科中国有61属350多种，主产南方。

　　本科草本、木本均有。多有乳汁。多为单叶，少复叶，互生或对生，有托叶。花序多种；大戟属的花序为杯状聚伞花序；花单性，雌雄同株或异株；萼片3～5；无花瓣；雄蕊1至多；雌花子房上位，3室，每室1～2胚珠，花柱3～6，有花盘。蒴果离轴开裂或为核果。

　　本科栽培花卉著名的为一品红、虎刺、银边翠等；油料植物为蓖麻。

---

百合科重楼属多年生草本。花期5～7月。

分布于东北、华北、西北以及安徽、浙江和四川等地。北京海拔约1200m山沟阴湿的林下生长较多，为典型的林下草本。

北重楼的形态别具一格，虽然它的花没有鲜艳的颜色，但辐射状着生的一轮叶片和二轮花被足够令目击者感叹大自然的造物之功。它的根状茎入药，有清热解毒、散瘀消肿的功能，治咽喉痛、蛇伤。

形态特征：有细长的根状茎。茎单一。叶5～8个于茎顶轮生，叶片披针形、倒披针形或倒卵状披针形，全缘，基部楔形。花单生茎顶，从轮生叶的中心抽出，较大；外轮花被片绿色，内轮花被片狭条形，形似花丝；雄蕊8个，药隔可延长达1cm(此点极为特殊)；子房近圆球形，紫褐色，花柱4～5分枝，分枝细长向外反卷。蒴果浆果状，不裂。

**414**

拉丁名：*Papaver nudicaule*

英名：Verticillate Paris

# 北重楼

天南星科

拉丁名：Araceae　英名：Arum Family

　　天南星科中国有35属200多种。

　　本科为单子叶植物。多年生草本或藤本。有块茎或根状茎。叶常基生；茎生叶为互生；叶箭形、戟形或掌状、鸟足状、羽状、放射状分裂；叶脉网状。花序肉穗状，外有1佛焰苞，常有颜色；花两性或单性，雌雄同株(在同一花序内)或异株；雌雄同花序时，雌花居花序下部，雄花居上部；如为两性花，则有花被片(或裂片)4～6，雄蕊2～4或8，少有1枚者；子房上位或下位，心皮1至多个，子房1至数室，胚珠1至多个，侧膜或中轴胎座。浆果状果实，密生于肉穗花序上成果穗。

　　本科最大的特点是肉穗花序外有带色的佛焰苞。

　　习见野生种为天南星属和半夏属。

近缘种七叶一枝花(拉丁名：*Paris polyphylla*)，叶基部圆形。根茎肥厚。产于江西、广东、四川、云南、贵州等地。其根茎入药。解毒、消肿、止痛，为名药。

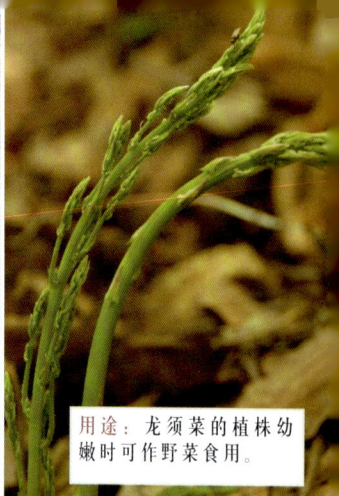

用途：龙须菜的植株幼嫩时可作野菜食用。

百合科天门冬属多年生草本。又称雉隐天冬。花期5～6月。分布于东北、华北、河南、山东及陕西等地。北京山区习见。

龙须菜和观赏植物天门冬、文竹一样都是百合科天门冬属的植物。它的叶片退化成鳞片状、小形、白色的膜状物；变态枝3～7枚簇生，纤细如叶状。果期7～9月，果熟时红色，与天门冬一样有观赏价值。

形态特征：高可达1m。茎直立，多分枝；叶状枝(初看好像叶)3～7枚簇生，狭条形略弯成镰刀状。叶鳞片状白色，极小。雌雄异株：花小，2～4朵腋生，黄绿色；花梗极短，不过1mm；雄花被片长约2mm，雄蕊6；雌花与雄花近等大。浆果圆球形，初绿色，熟时红色，直径仅约6mm，由于果梗极短，故果实似紧贴枝条而生。

**416**

# 龙须菜

百合科

拉丁名：Liliaceae　英名：Lily Family

　　百合科中国有60属约560种。

　　本科多草本，少木本。常有鳞茎、根状茎或块茎。叶基生和茎生；茎生叶互生，少对生或轮生；叶脉平行或弧形，少有网状者。花单生，多为总状花序或其他花序；花被片6，少有4或多数，离生或合生，常为花冠状；雄蕊6，花药丁字状生或基生；子房上位，少有半下位，子房3室，少4～5室或2室；中轴胎座，每室1～多胚珠。蒴果或浆果。

　　本科的花最能代表单子叶植物花的特点：3基数；多总状花序。其中百合属(Lilium)为典型代表植物，野生种类有山丹、卷丹、有斑百合等；葱属(Allium)有山韭菜、小根蒜、薯蓣、玉竹、铃兰、黄精、北重楼、小黄花菜、藜芦、鹿药、舞鹤草、雄隐天冬等等。既有名花，也有良药。贝母属的川贝和浙贝皆名药。

野外识别要点：叶轮生，叶尖卷拳状。花白色，管状，有6个小裂片。地下有白色横生根状茎，节部膨大。

　　黄精的根状茎入药，有滋养强壮作用，能祛病延年。自古即用为补益健身之品，为抗衰老的药。在灾荒之年被穷人用以代粮。现代医学研究证明：黄精含蒽醌苷类化合物、洋地黄糖苷、氨基酸、淀粉以及锌、铜、铁等微量元素。对人体有强心、降糖、保肝作用，并可提高免疫力。

拉丁名：*Polygonatum sibiricum*
英名：Siberia Candpick

# 黄精

狭叶黄精

　　百合科黄精属多年生草本。花期5～6月。

　　分布于东北、华北，南至浙江、安徽等地。北京山区多见，生林下或山沟。

**小故事：** 从前有个财主虐待婢女。婢女逃入深山。半年后人们看到她还活着。原来是靠吃黄精的根状茎活下来的。

**形态特征：** 茎圆柱形，直立，不分枝。有圆柱形的根状茎，颇粗、白色，节部膨大，横生。叶4～6个轮生；无叶柄；狭披针形，先端弯曲，钩状或拳卷。花序叶腋生，有花2～4朵，似伞形；花俯垂，乳白色；花被片6，愈合成筒状，上部有6个裂片；雄蕊6，内藏，生花冠筒内壁上。浆果圆球形；熟时黑色。

热河黄精

用途：乌头属的各个种均有毒，切忌入口。

毛茛科乌头属多年生草本。又称黄花乌头。花期6～8月。

分布于我国河北、山西等地。北京百花山、东灵山均有，生于海拔1000～2000m山地阳坡，也进入山沟中，在低海拔处也偶见。

牛扁的花序长而粗壮，生有几十朵黄白色戴盔帽的小花。但它全草均有毒。所以只能观赏，不要随便采摘，以免毒液流入口、眼而受到伤害。

形态特征：高可达1.1m。茎、叶柄均有反曲紧贴的短柔毛。基生叶和茎下部叶都有长叶柄；叶圆肾形，长达15cm，宽达20cm，3全裂，裂片又再裂，小裂片狭尖。总状花序长，顶生，密生反曲微柔毛；萼片5，黄色，上萼片呈圆筒形，直立，高达2.5cm；花瓣2，有长爪，有距，距与花瓣片近等长；雄蕊多数；心皮3。蓇葖果。

**420**

拉丁名：*Aconitum barbatum* var. *puberulum*
英名：Puberulent Monkshood

# 牛扁

　　毛茛科的另一条进化路线是向虫媒花发展的适应现象。如金莲花的花瓣细条形，较多，但有蜜腺；毛茛、茴茴蒜有蜜腺，均在花瓣内侧基部，蜜腺小型，外有一鳞片状盖子，昆虫来采蜜时，比较容易找到蜜腺所在，花的颜色橘黄或鲜黄，昆虫容易识别；到了华北漏斗菜和耧斗菜，其蜜腺藏在花瓣的距的底部，就只有长吻昆虫才能采到蜜了，这是向虫媒花更特化进化了一大步，因为限制了只有长吻昆虫才采到蜜，避免了浪费，而长吻昆虫更专一的来采蜜，双方有利；再进一步到了乌头属的种类，花瓣只有两个，蜜腺藏于这2个花瓣的距中，花瓣又藏于一片帽状萼片之中，比之耧斗菜更隐密，更需专门昆虫采蜜；到了翠雀，一个萼片呈细长距状，有蜜腺的花瓣藏于此距中，可以说对虫媒的适应达到了顶点。

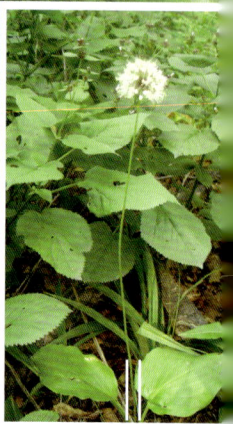

百合科葱属多年生草本。花期6～8月。

    分布于我国东北、华北，及陕西、甘肃、四川、湖北、河南、浙江等地。北京西部、北部山区皆有生长，喜生于海拔约1000m以上山坡林下。

      茖葱叶宽大，椭圆形；从其花序伞形，花被片6，雄蕊6，便可知为葱属。民间采摘本种嫩茎叶像葱一样蘸酱生食。

形态特征：鳞茎近圆柱形；鳞茎外皮黑褐色或灰褐色，破裂成网状。叶2～3枚，椭圆形或倒披针状椭圆形，基部楔形，沿叶柄稍下延。花莛圆柱形；有苞片2，卵形；伞形花序圆球形；花小，多而密生，有花柄；花白色或带绿色；花被片6，长椭圆形，顶端钝圆；雄蕊6；子房3室，每室1胚珠。蒴果近圆球形。

**422**

拉丁名：*Allium victorialis*

英名：Congroot Chive

# 茖葱

**野外识别要点：** 野外应注意与铃兰、藜芦区别，不要误采误食。铃兰仅2枚叶片。藜芦(拉丁名：)为百合科藜芦属，幼苗外观与茖葱相似，区别在于藜芦叶有纵褶。成长后藜芦高大得多，二者区别明显。藜芦的根或全草入药，有祛痰、催吐的作用，可治中风痰壅、疟疾。因有毒，要慎用。幼苗特毒，不可食，牛羊亦不可食。藜芦分布于我国东北、华北以及河南、陕西、甘肃、山东、湖北、四川、贵州等地。北京各山区均见，多生于海拔1700~1800m山坡林下、草坡。

**用途：** 全草入药，有止血、散瘀、止痛之功，治衄血、瘀血、跌打损伤。

铃兰

藜芦

蓼科大黄属多年生草本。又称河北大黄、山大黄。花期7～8月。

分布于我国东北、华北等地。北京百花山、东灵山均有，生于海拔1000～2000m山地草坡中，也见于沟谷石缝中。

华北大黄的叶及植株都特别肥大、粗壮，因而很容易和其他种类区别开来。但它并不是传统中药中与人参、熟地、附子并列为"四大金刚"的大黄。中国传统中药大黄是另一种叫做掌叶大黄(*Rheum palmatum*) 的植物，它主产于甘肃及四川西北部，根及根状茎入药，称"大黄"。

形态特征：根肥大。茎直立，粗壮，中空；基生叶宽卵形，质厚，大形，长可达30cm，宽可达25cm，先端钝圆，边缘波状；茎生叶较小，有膜质托叶鞘。圆锥花序顶生或腋生；花小，白色，3～5朵生于苞腋；花梗柔细下垂；花被片6深裂，2轮；子房三角卵形。瘦果三棱状，有翅，翅为棱角延伸而成。

**424**

拉丁名：*Rheum franzenbachii*
英名：China Rhubarb

# 华北大黄

**用途：**华北大黄的根可入药，有泻热、通便、破积、行瘀的功能，可用于治热结便秘、湿热黄疸、痈肿疔毒、烫火伤。

**野外识别要点：**茎粗壮。基生叶大形。顶生圆锥花序；花绿白色。瘦果三棱状，棱角延伸成翅状。多生于海拔约1000～2000m山区。

蓼科蓼属多年生草本。花期7～9月。

　　分布于我国东北至华北等地。北京妙峰山、百花山、东灵山、海坨山皆有，生于海拔1000m以上山地草坡。

　　叉分蓼整株分枝成开散形，形态特殊，有一定观赏价值。其嫩茎含酸甜的液汁，无毒，在山地野外干渴无水时，可以采食解渴。在北京海坨山俗名"酸不溜"。

形态特征：茎直立；从基部起就作二叉状分枝，并疏散开展，因而有叉分蓼之名。叶披针形或长圆状披针形；全缘；托叶鞘膜质。圆锥状花序顶生；花被5深裂，白色；雄蕊7～8个；花柱3。瘦果三棱形，有光泽，成熟后约超出花被片1倍。

**426**

拉丁名：*Polygonum divaricatum*
英名：Divaricate Knotweed

# 叉分蓼

用途：叉分蓼的
根入药，有驱寒、
温肾的功能。

野外识别要点：开
花时植株高1m以
上，主茎不明显。
枝开展分叉。花
小，白色。

**用途**：根状茎入药，有舒筋活络、祛风止痛的作用，治风湿关节痛。

薯蓣科薯蓣属多年生草质藤本。花期7～8月。

分布于东北、华北、西北、华东等地。北京山区多见，生林下及山坡灌丛中，亦见于路边和山沟。

穿山龙是林中常可见到的一种草质藤本植物。它的花期较短，且花小，不易被注意到。不过它的叶和果实都别致、可爱，而且果期很长。可引种于庭园灌丛上，或篱笆边供观赏。

**形态特征**：圆柱状肉质的根状茎横走，离地面较浅。茎有沟。叶互生；有较长叶柄；叶片广卵形至卵心形，掌状3～7裂。花雌雄异株；雄花序细长穗状，叶腋生，雄蕊6个；雌花序下垂，腋生，花小，黄绿色，花被片6。蒴果倒卵形或长圆形，成熟时有3个翅。种子有翅。

**428**

拉丁名：*Dioscorea nipponica*
英名：Throughbill Yam

# 穿山龙

薯蓣科

拉丁名：Dioscoreaceae　英名：Yam Family

　　薯蓣科中国有1属80种。

　　本科均为多年生草质藤本。有肉质根状茎或块茎。单叶互生或对生；叶全缘或有掌状裂，叶脉从基部生出；叶柄长，基部关节状，且扭转。穗状、总状、圆锥状花序；花单性，雌雄异株；花小，黄白色；花被片6，成2轮，基部合生；雄花雄蕊3～6，有时内部3个退化，或仅有3个发育雄蕊；雌花有退化雄蕊或无，心皮3，子房下位，3室，中轴胎座，每室2～多个胚珠。蒴果或浆果。种子有翅。

　　本科识别要点为：藤本。有根状茎或块茎。叶柄基部有关节，且扭转；叶有掌状脉。雌雄异株。果实有3个翅。种子有薄翅。

　　著名野生种有穿山龙、野山药。栽培种为山药，其肉质根状茎可食。

近缘种野山药（*Dioscorea opposita*），又称薯蓣，叶不裂，为三角状卵形。北京不常见。

野山药

景天科红景天属多年生草本。花期6～7月。

分布于东北、华北、西北，至西南和华中地区。北京亚高山地区皆有，习生于海拔1900m以上山地的石头上或草丛中，有时在石缝中生。

**野外识别要点**：生于干燥石上。有硬质木质丛生枝。叶肉质。花白色或淡红色，颇美丽。

华北地区，在海拔2000m以上，亚高山草甸上方，是大多数植物都不再能生长的高山流石滩。在山顶地带的石缝中，生长有几种景天科的耐寒、耐旱植物，小丛红景天就是常见者之一。

**形态特征**：茎高15～25cm；主干木质有残硬枝；枝条簇生，基部有褐色鳞片状叶片。茎上叶互生、密生；细条形，长不过1.2cm，宽不超过2mm，无叶柄；全缘；绿色。聚伞状花序顶生；花数朵；两性；萼片5，狭窄；花瓣5，淡红色或白色，披针状长圆形，长达11mm；雄蕊10个；心皮5，胚珠多。蓇葖果直立。

拉丁名：*Rhodiola dumulosa*
英名：Shrubberry Rhodiola

# 小丛红景天

景天科

拉丁名：Crassulaceae   英名：Crassula Family

　　景天科中国有11属200多种。

　　本科多草本，少亚灌木、灌木。其茎、叶常肉质，无毛。叶互生、轮生，少对生；常为单叶；无托叶。花序常聚伞状；花辐射对称，4～5基数；雄蕊1～2轮；心皮5，分离或基部合生，子房上位。蓇葖果为多。

　　本科最明显的特征是：茎、叶肉质。花序聚伞状。花5基数。雄蕊10。

　　本科有著名药用植物红景天。北京有小丛红景天、景天三七、华北八宝等。

用途：根状茎或全草入药，称为凤尾七，有补血调经、养阴的功能，治月经不调、阴虚潮热、头晕目眩等。

玉竹有让人聪慧明智、调和血气运行、滋补强身的作用。传说名医华佗有一天上山采药，看到一位山人在吃玉竹，就自己也采来吃，吃后感觉很好，就把这个事告诉了徒弟樊阿。樊阿也采来吃，后来活到100岁。《三国志·樊阿传》记载了这段故事。

**形态特征：**有横走的根状茎，白色；地上茎直立，有棱。叶互生；椭圆形或卵状长圆形，全缘；几无叶柄，两面无毛。花腋生，有1~4朵花，偶较多；白色或黄绿色，花被筒钟状，端6裂；雄蕊6，生长于筒中部处；柱头3裂。浆果球形，熟时蓝黑色。

拉丁名：*Polygonatum odoratum*

英名：Fragrant Candpick

# 玉竹

百合科黄精属多年生草本。花期6～7月。

分布于我国东北、华北及南方等地。北京山区多见，生于海拔200～2000m山地林下或山沟林下。由于根状茎繁殖，往往成片生。

用途：根状茎入药，有养阴润燥、生津止渴的作用，可治热病伤阴、口燥咽干、干咳少痰、肺结核咳嗽等。玉竹的嫩苗为野菜，用开水烫后炒食或作汤。果实有毒不可吃。

野外识别要点：茎有纵棱条，稍粗。叶片较宽大，不太多，一般8～9片左右。花腋生，习见仅2～3花。如见花序梗长，花多朵，则为别种。

马兜铃科马兜铃属多年生草本。又称马兜铃。花期7～8月。

我国分布于东北至华北地区。北京各山区均有，习生于山沟、山坡，攀缠于灌丛中或树上。

北马兜铃的果实较大，花形奇特，有观赏价值，可以引栽于园中，使之爬于灌丛上极适宜。

**形态特征**：茎藤细长，有气味。叶互生，有长叶柄；叶三角心形、卵状心形或心形，长4～12cm，宽达10cm，全缘；下面灰绿色，有7条主脉。花簇生叶腋，有数花；花被单层，呈管状，弯曲，口部缩小，再扩大成檐部，下面绿色，上部带紫色，内侧有软腺毛，基部成球状，有纵脉6条，隆起并有网状脉，总长达2.5cm，口部呈二唇形，先端延伸成细尾状；雄蕊6；柱头膨大，6裂，子房下位，6室。蒴果下垂，广倒卵形或椭圆状倒卵形，顶端圆形。种子多数。

**434**

拉丁名：*Aristolochia contorta*
英名：Northern Datchmanspipe

# 北马兜铃

马兜铃科

拉丁名：Aristolochiaceae　英名：Dutchmanspipe Family

马兜铃科中国有4属50多种。

本科多直立或缠绕藤本或木本。单叶互生或基生，常心形，全缘；无托叶。花单生或冠状花序；花被合生，单层，常扩大呈花瓣状或管状，上部3～6裂；暗紫色或绿黄色；雄蕊6～12，分离或与花柱结合成柱状；心皮4～6，合生，子房下位或半下位，中轴胎座，胚珠多。蒴果或浆果状。

本科北京山野有北马兜铃(或称马兜铃)，为药用植物，花形奇特供观赏。

用途：成熟果实入药，有清热降气、止咳平喘的作用，治慢性支气管炎、肺热咳喘。茎叶入药称天仙藤，有行气活血、止痛、利尿的作用，治胸腹痛、风湿痛。

毛茛科铁线莲属多年生草本。花期7～8月。

分布于我国华北至西北等地。北京山区多见，习生于山地灌丛
上或平原路边。

芹叶铁线莲的花像个小铃铛，细细的藤蔓
爬在灌丛上，优雅、可爱。它和黄花铁线莲都
可以入药，药名透骨草，可以治慢性风湿性关
节炎、关节痛。不过，它是一种有毒植物，民
间俗称断肠草，顾名思义是不能吃的。

形态特征：叶3～4回羽状细裂，末回裂片狭条状披针形。花淡黄色钟状。

拉丁名：*Clematis aethusaefolia*
英名：Congplume Clematis

# 芹叶铁线莲

近缘种黄花铁线莲（*Clematis intricata*），叶2回羽状复叶，小叶披针形或长圆形。花较大，钟状，淡黄色。

黄花铁线莲

毛茛科乌头属多年生缠绕草本。花期7～8月。

分布于我国东北至河北等地。北京西部、北部山区均有，生山沟中林下土层肥厚、湿润之处。

两色乌头的茎部先直立后缠绕，与牛扁明显不同。它的花有白色及淡紫色两色，姿色均美。适合于作为阴湿地带的攀缘地被绿化植物。

形态特征：茎上部缠绕；根圆柱形。叶五角肾形，长达17cm，宽达17cm，基部心形，掌状3中裂，中裂片菱形，边有粗齿，侧裂片又2浅裂，上面有疏短毛；叶柄长。总状花序腋生，有花多朵；萼片5，淡紫色，有柔毛，上萼片圆筒形，高达近2cm；花瓣2，其距呈拳卷形；雄蕊多数；心皮3，子房有短毛。蓇葖果。

拉丁名：*Aconitum alboviolaceum*
英名：Twocolored Monkshood

# 两色乌头

桔梗科莶参属多年生草质藤本。花期7～8月。
分布于我国东北、华北、西北及河南等地。北京各山区均有。

　　古时，山西平顺一带称为上党郡。在隋
炀帝时，上党有父子两位农民，每当夜晚时，
总听见屋后的山上有丝丝的声响。它们找到山
上，在发出声响的地方作上记号。第二天天亮
后去一看，有一株奇特的植物，开着铃铛一样
的小花。他们把它挖出来，发现它长着人参一

形态特征：藤茎较细，多分枝，有白色乳汁，有浓臭气。根圆柱形，外皮黄褐
色。叶互生或有对生；卵形或狭卵形，长达6.5cm，全缘或有波状齿。花1～3
朵生于分枝之顶；萼裂片5或4；花冠宽钟形，高达2.5cm，5浅裂；淡黄绿色，
有紫色斑点；雄蕊5；子房半下位，柱头3裂。蒴果。

拉丁名：*Codonopsis pilosula*
英名：Pilose Asiabell

# 党参

样的根。因为是在上党发现的，所以就起名党参。

党参的药用价值首载于《本草逢原》。其性与人参基本相同，而较弱。遇虚脱重症，应用似人参。

用途：根入药，含皂苷、菊糖及微量生物碱，有补脾、益气生津的功能，治脾虚、食少便溏、四肢无力、心悸、气短、口干、自汗等。

桔梗科党参属多年生草质藤本。又称四叶参。花期7～8月。

分布于我国东北至华南等地。北京山区均有，生于山沟杂木林下阴湿处灌丛中。

羊乳和党参的生长环境相同，有时在同一片林子中都能看到。它与党参的最大区别是分枝顶端4叶轮生；叶较小。药用价值也有所不同。

形态特征：植株有乳汁，并有臭气。根粗壮，纺锤形，淡黄褐色。主茎上的叶互生，较小，菱状卵形；分枝顶端的叶3～4个近轮生，有短柄，菱状卵形，几全缘，无毛。花生于分枝之顶；花萼裂片5，卵状三角形；花冠黄绿色，里面具紫色斑点或紫色，宽钟状，5浅裂，裂片端反卷；雄蕊5；子房半下位，柱头3裂。蒴果圆锥形，萼宿存。

**442**

拉丁名：*Codonopsis lanceolata*
英名：Lance Asiabell

# 羊乳

**用途：** 根入药，称"四叶参"，有排脓解毒、补虚通乳的功能，治病后体虚、乳汁不足、乳腺炎、痈疖疮疡等。

百合科油点草属多年生草本。花期6~7月。

分布于河北、河南、湖南、湖北及西北、西南地区。北京密云、怀柔、门头沟、延庆山区均有，生林下。

在密云坡头林区，你会见到一种奇怪的小花：花黄绿色，有紫褐色斑点，好像洒上了油污一样。这就是黄花油点草，别的地方还不易见到呢！

形态特征：叶互生；无叶柄；叶片长圆形或椭圆形，基部抱茎，长达14cm。少数朵花成聚伞花序，生于上部；花被片6个，成2轮，外轮3个的有囊；雄蕊6个；子房有3柱头，柱头有乳头状突起。蒴果长圆形，有3棱。

拉丁名：*Tricyrtis maculata*
英名：Yellowflower Toadlily

# 黄花油点草

用途：花形
奇特，可引
种作观赏花
卉。

近缘种油点草（*Tricyrtis
macropoda*）与本种不同点
为：油点草花被片白色，强
烈反卷，分布于华东、华
南。可供观赏用。

茄科天仙子属一年生草本。花期5~7月。果期6~8月。

分布于华北、西北、东北、西南、华东等地。山野路边、住宅边可见。北京郊区县的野地路边也有。

天仙子，即莨菪（音：狼荡）。又名闹羊花、羊踯躅、行唐等。它含莨菪碱、阿托品等，是一种有毒植物。人或羊误食均会引起迷幻症状，严重者甚至昏迷、死亡。

形态特征：高不过70cm。有腺毛，茎不分枝。叶互生：卵形，边有不对称波状齿。花单生叶腋，但在茎顶呈聚伞花序：花冠黄色，有紫纹：钟状，5浅裂；雄蕊5，稍外伸。蒴果包于萼内，长卵圆状。种子圆盘形，淡黄棕色。

446

拉丁名：*Hyoscyamus niger*

英名：Black Hcnbane

# 天仙子

**用途：** 莨菪的种子在中药中称天仙子。根、叶、种子均入药，即所谓以毒攻毒，是著名的药材。有镇咳、镇痛功效。可治许多疑难杂症。

在山野行进时，可能会见路边草地有天仙子，开黄花，钟状，用手一摸，好黏啊！原来它的茎、叶、花，有黏性腺毛。

石竹科蝇子草属。又称旱麦瓶草。花期7~8月。

分布于东北、华北；北京西部、北部山区有分布，生于山地石质山坡或干草坡上。

山蚂蚱草又称旱麦瓶草，它的花萼筒状，有10条绿色带紫色的脉；花瓣5，白色，2叉状裂；雄蕊10，花柱3，均稍伸出花冠。

**形态特征：** 高达40cm。直根粗。茎丛生。基部叶簇生，倒披针状线形；茎生叶3~5对，对生，较小。聚伞花序呈圆锥状，顶生或上部叶腋生；苞片卵形；萼筒状，长8~10mm，无毛，有10脉，脉间白膜质，有时带紫色，果时膨大成筒状钟形，萼齿三角卵形；花瓣5，白色，2叉状裂，裂片长圆形；雄蕊10，稍伸出花冠；子房长圆形，花柱3，稍伸出花冠。蒴果卵形，6齿裂。

# 山蚂蚱草

**野外识别要点：**有粗的直根。茎丛生。茎叶对生，狭窄。花白色，雄蕊和花柱均远伸出花冠外。叶腋常见有簇生的小叶丛。

**用途：**根入药，称银柴胡，有清热、凉血、生津的功效。可引种于公园土质干旱的山坡作护坡之用，又有观赏价值。

龙胆科花锚属一年生草本。花期7～8月。

分布于我国大部分地区。北京山区有分布，生于海拔1600m以上山地阴坡或林下。

花锚也是一种在较高海拔山地才能找到的野花。它的花实在是很有趣，活像船上的铁锚。

形态特征：高可达70cm。茎直立，有分枝。叶对生：下部叶匙形，有叶柄；上部叶椭圆状披针形，先端长渐尖，叶柄短。顶生伞形花序或腋生轮伞花序；花梗直立；花萼裂片4，披针形；花冠黄色或绿色，管状，裂片4，卵状椭圆形，各有1个角状的距，距与花冠等长或较长；子房卵圆形，无花柱，柱头2裂。蒴果长圆形。种子多。

**450**

野外识别要点：叶对生，全缘。花黄色，花冠裂片5，各有1角状距，全朵花似一铁锚。

**用途**：块茎入药。有祛风定惊、化痰散结的作用，由于有毒，需加工后方可入药。生药忌入口。20世纪70年代，北大一学员，口嚼此种天南星的小块茎粒，竟至舌麻，说话困难，幸未吞食。

东北天南星

天南星科天南星属多年生草本。又称山苞米。花期5～8月。分布几遍全国。北京山区多见，生于山沟阴湿处。

有些人会将一把伞南星和北重楼的植株搞混。区别在于，一把伞南星虽然也只有一轮叶片，但它是复叶的小叶，而且小叶片数目要多些，最主要的是在某个方向上有缺，并不是完全的辐射状。二者的花区别就十分明显了。

**形态特征**：有扁球形块茎。叶仅1枚，有长柄，为掌状复叶；小叶7～23个，轮生于叶柄之顶，小叶条形，披针形至倒披针形，顶端延伸呈细丝状。花雌雄异株；佛焰苞绿色，上部有紫色，管部呈圆筒状，内有肉穗花序；花序之顶有一段棍棒状，不生花，为附属物；雄花有雄蕊2～4个；雌花的子房卵圆形。浆果熟时鲜红色。种子球形。

# 出版者的话

　　在郊游日益成为一种时尚的今天，作为一个都市人，每当你走进郊野的森林，漫步于绿荫丛中，聆听着鸟鸣虫唱、呼吸着新鲜的空气、享受着醉人的花香……

　　你有没有想过去欣赏一下林中的野花。它们是那样的娇小，甚至不得不用放大镜来观察；它们是那样隐蔽，总要劳烦您低头弯腰去寻找；然而，它们却是那样的美丽，抽象的数学图案，神秘的物理学结构，奇妙的生物学功能，绚丽的美学色彩，在它们身上展现出无穷魅力。

也许，你早已为它们美丽的色彩所倾倒，每每在登山时采集一束拿在手中。也许你是一位植物学爱好者，早有心去认识它们的庐山面目。不过，你是不是真的仔细地欣赏过眼前的"美人"呢。静下心来到路旁去发现您身边的宝藏吧，不要让大自然与你擦肩而过。

游山的途中如果刚好碰上一位植物学专家、教授，整个游程将会变得别开生面。他们随手一指，你眼前就会出现一片春光……平时没有注意到的细节，原来是这样的美丽迷人。

你不得不赞叹大自然的神奇，感叹自己于这方面实在是知之甚少。

在经过这次充满了快乐和趣味的旅途之后，唯一留有遗憾的是：碰到"老师"的机会实在是太少太少，而刚刚学会认识的几种植物很快就被自己所混淆，或者张冠李戴，似乎记忆也和老师的离去一起消失了。

于是，很久以来有人就一直盼望着能有一本工具书，让它来带路，带大家走进大山的深处。

汪劲武先生是北京大学生物系的植物学教授，也是我国热心普及植物学知识的先驱。他编写的这本《常见野花》是几十年来教学和野外活动的汗水结晶，它从识别植物的基础知识开始，系统而又扼要地介绍了认识植物的各种窍门，以及200多种最常见，最有用的植物。希望能引领大家进入大自然神秘殿堂中植物馆的大门。

对于大、中、专院校相关专业的师生野外实习、识别植物来说，这是一本非常实用的工具书、手册。

对于万事好奇的青少年，这本书也许会给你的人生打开一扇通往知识和幸福的大门。不管你将来会选择从事什么职业，对植物学的爱好，不仅会培养你观察事物、实事求是地分析并解决问题的能力，而且能培养你对这个世界的爱心，使你不论遇到什么样的挫折都能对生活充满希望。不是吗？那山中的野花明年仍旧会以光彩四射的笑容期待着你的到来。

博物学在西方是一门古老而普及的科学，它是那些探险家、传教士们为收藏世界各地的宝物而建立起来的学科。在我们中国，博物学却始终和民生问题有着割舍不开的联系。《救荒本草》记载的是可以在灾荒年代替口粮的野菜；《本草纲目》记载的则是治病救人的药物……在生命科学日新月异的今天，博物学正发挥着日益重要的作用。人们已经习惯于带着现实中的困惑，到大自然中去寻求"上苍"的启示，寻找前人的解决方案，寻找对未来的希望。对癌症是这样，对艾滋病是这样，对"非典"也是这样……

通过对自然的细致观察和深入探究，你也许会发现生活中原来还有着一些远比金钱和虚荣更值得享受的东西。经历大自然对心灵的熏陶，沐浴春风、阳光、雨露，那才是与自然天人合一的美境。

# 前言

　　我们国家经济有了很大的发展，在节假日出去旅游的人越来越多。到大自然中去，接触绿色，看名胜山川，观奇花异草，呼吸呼吸新鲜空气，不仅有益于身心健康，还使生活充满了情趣。如果旅途中能认识一些古树名木、奇花异卉和药用植物，那心情就更加不同，越贴近自然，视野会更加开阔，对自然之美的体会也会更深。

　　2003年4月中，北京正值春游旺季，一个团体8人去密云云蒙山旅游，走进山谷中一个庄子，大家肚子饿了，在山庄吃饭。出于尝鲜的愿望，要了一盘"山野菜"。岂料吃了"山野菜"，8人均出现中毒症状，急忙送医院抢救……这样的例子，生活中有不少。或是中毒，或是上当受骗，有一个重要原因是群众对野生植物知识匮乏。这也说明出一本指导群众认识野生植物的书是极合时宜的。

　　要认识野生植物，却并不是一说即成的，因为它涉及许多专业知识，要求有一本文字深入浅出、生动，图片精美、指示清楚的图鉴加以引导。

　　为此，本书以华北地区为中心，以分布常见的野生草花和花灌木为对象，选择那些观赏性较高、开花明显、有经济价值的种类，共250多种，进行了介绍。之所以这样选择，还因为不同季节中植物的器官会进入不同的发育阶段，因而会出现不同的形态，大多数植物只有在开花期才在万绿丛中展露出自己的芳容，也才容易通过花的构造进行辨认。

由于篇幅有限，本书收入的植物种类全为被子植物。尚未收入苔藓植物和蕨类植物。对被子植物中的禾本科和莎草科等花小、不显著，且比较难于区分种的类群也未收入。还有水生植物由于采集观察的限制，收入种类很少。

在野外寻觅花草时还有以下几个问题需要注意：

1. 植物的分布有其特定的地点。各地山野，由于其海拔高度不同，立地的岩石、土壤成分不同，山坡朝向及干湿程度不同，植物区系(种的地理来源不同，扩散的途径不同)组成不同，能见到的植物种类也不同。有些种类在许多地方均能见到，有些种类只有在特定的地方才能见到。

2. 对植物开花时间的理解，需要一定的经验积累。本书中所介绍的花期，是以北京地区为基准的。分布范围广的植物，随着纬度的推移，会由南向北，依次开花。比北京温暖的南方地区花期会提前，而以北地区花期会推后。

即使在同一地区，随着海拔的升高，山区的气温也会较平原低一些，海拔越高，气温越低。因而植物开花的时间也会向后推移。所谓：人间四月芳菲尽，山寺桃花始盛

开。

　　另外，植物的花期长短是不同的，因而能看到的机会也不同。同样都注明6～7月开花，花期长的可达2个月；花期短的可能只在6月底7月初的2周内开花。在一处山野中，从春到秋，会有不同的植物次第绽放出美丽的花朵。早春开放的低矮草花，到了仲夏就会被掩没在茂盛的草丛中；一些初夏开花的植物(如黄花菜、有斑百合、剪秋萝)，到了8月份就不易找到了。尤其在亚高山草甸上(北京地区海拔1900米以上)开放的野花，从5月初开始，如果你每个星期去1次，都会发现开花的成分有所变化，一些新的种类相继出现，另一些则逐渐退出舞台。

　　还有，由于花期主要受温度和日照长短的控制，事实上每年的物候期主要是随着农历更替的，因而反映在公历上，每年都会有前后的差别。

　　3．植物的分布有多寡之区别。有些种类成片生长，或者分布很多，开花时很显眼，很容易找到。但另一些则生长得比较隐蔽，分布零散，有些只分布在特定的环境中，比较少见，想要看到它们就要花一些功夫。有些种类在某一地区年年均有；另一些地点，不同年份、不同月份、不同群落占优势。

　　初学认识植物时可以遵循一定的规律。首先，注意通过认识一些常见的植物，了解植物形态特征的基本语言(术语)。然后，尝试掌握一些常见科的重要特征，锻炼自己能在野外分辨出一些植物是属于哪个科的。有一些植物的形态独特，往往一见即留下深刻印象，这时，记住它们的名字是个关键。

对于相似种与易混淆种，最好的方法是把它们的植株放在一起细心比较，看看叶子形态、毛质、边缘锯齿形态等有何不同，有花比较花，有果的比较果，要细心，反复看，反复查对参考书，总会找到区别所在的。

进一步就要学会使用"植物志"一类的工具书，查找不认识的植物，并请教当地的有关专家。这是因为每一种植物都有许多近缘种，不同地区同一属中都有自己的优势种、相似种，它们相互之间的区别十分细微，就是专业的植物学家一般也只熟悉本地区的一些主要种。到了其他地区，或者对本地区的一些少见种，也要靠查看工具书来鉴别。

本书的编著因时间所限，准备及推敲尚显不足，欠缺及错误之处，谨望广大读者批评指正。

汪劲武

2004.5

# 第二版前言

《常见野花》第一版出版之后，作者收到了许多读者的热情反馈。有这么多的读者爱上了植物学，作为一个老植物学工作者感到无比的欣慰。我们中国被称为世界园林之母，野生植物资源实在是太丰富、太宝贵了。如果有更多的人认识，并学会应用这些植物，不仅是为大家积累了一笔无形财富，也是对我们中华文明的一种传承。

许多读者反馈说，刚刚入门，这么多种类不好查找。有些读者进一步建议按花色排序，还有些建议按花的大小编排等等。综合各种建议和实践，这次改版除增加了一些种类外，将近300种花卉按照：开花时间；明显的花朵特征；草本、木本；花型、花色依次分类排列。

早春（4～5月）开花的种类最先介绍，因为这些种类最引踏青的游人注目，种类又不是特别多，很容易认识。集中在一起介绍，读者就不用再到后面去查找了。

夏季的花卉太多，再按开花时间编排就不好找了。我们改用花型、花色来排序。

不过，本书中首先要介绍几个大科，这几个大科花的特征比较明显，比较好辨认。这样，读者也可以初步掌握下分类学的知识和识别方法。为后面的阅读打下基础。

然后，我们按照花朵的大、中、小型，以及花色进行分类编排。也就是说使用本书查找时，先判别是不是早春开花的；然后，看它的花，判断是否是菊科、川续断科、豆科、唇形科、玄参科；如均不是，则按照花型、花色去查找。如花型、花色模棱两可的，就到相似的类别中去再查找一下。这样就把查找的范围缩小到了20种左右，查找起来方便些。

希望读者进一步提出新的意见和建议，笔者将十分感谢。

汪劲武

2009.5

# 怎样阅读本书

　　本书首先介绍的是早春开花的种类。然后是菊科、豆科、唇形科和玄参科这几大类通过花冠及一些茎、叶特征就比较好判别的种类。然后其他野花按照：草本、木本；花型大小及花色依次排列。在每色型类中，一般情况下，按照开花时间顺序排列，有些相似种虽花期不同，但为了便于对照，也放在了一起。每一种植物都有它自己的分布范围和开花的时间，错过了时间、地点，就好比错过了一场一年一度的"演出"，只能来年再找机会。

　　为了便于读者直观地了解每一种野花的实际大小，本书在每一种野花的特写图中标有一相当于普通蒲公英花的直径长度（约3cm）的双线，以供读者对照理解。

花期及分布：每一种植物都有它自己的分布范围和开花的时间，只有在特定的时间、特定的地点才能看到他们的芳姿。

每一种植物的花旁边都有一根双线。双线代表蒲公英花的直径（约3cm）。这样可以更直观地表现花的实际大小。

中文名称

拉丁名：*Pedicularis resupinata*
英名：Resupinate Woodbetony
## 返顾马先蒿

野外识别要点：叶片边缘有缺刻状重锯齿，花冠紫红色，扭转，使下唇及盔呈回顾之状。

用途：根入药，可祛风湿，利筋，治风湿性关节炎，头不痛，膀胱结石，小便不畅。

多年生草本……又称马先蒿，花期6~8月，分布于东北、华北以及华东、西北各地，北京各山区都有，生于山坡林下、草甸和沟谷中。

马先蒿属的特点是花冠二唇形，上唇盔状，先端多伸出或长成短的喙，下唇三裂，返顾马先蒿的花冠紫红色，扭转使下唇及盔呈回顾之状，由此得名。

形态标志：茎直立，高不过70cm，叶互生，披针形或长圆状披针形，长5~8cm，边缘有缺刻状重锯齿。花序总状顶生或腋生，花具短梗，苞叶叶状，萼长约1.5cm，萼齿2，花冠长约2cm，花冠筒近基部向前膝状弯曲，上唇盔状，端具短喙，下唇3裂，裂片3，雄蕊4，柱头头状略伸出花冠。

花型及花色标志：大、中、小，指花型大小。菊、豆、唇，分别表示菊科及川续断科、豆科、唇形科及玄参科。木表示木本。
　　渐变色标志表示大致花色范围，白色花用灰色标识。

野外识别要点：简单、直接地中点出了该种植物的区别特征。以便于初学者掌握。

形态特征：比较详细一些，以便有兴趣学得更专业一些的同志参考。

在全世界各民族的文化传统中，每一种植物大都有着其广泛的用途，了解植物的用途及其有关的知识，会使我们对植物学有更深刻的认识，也会使我们对生物多样性的认识有一定提高。

# 目录

常见野花

# 植物中文名目录

# 早春开花的种类

　　早春，草地刚开始返青，蒲公英、早开堇菜等野花，便抢先在枯黄的草丛中，绽放出鲜美的娇容。这个过程，在城市中的空旷野地上，3月底就开始了，但在郊区的山地会延迟到5月。这些早春开花的种类并不是很多，很容易认识，因此，放在本书的第一部分集中介绍。

菊科蒲公英属多年生草本。花期4~6月。

分布几遍全国。北京平原、山区皆有，是道旁、荒地、草地、田边、公园习生的一种杂草。

蒲公英金黄色的小花点缀在早春嫩绿色的草地上，形成典型的田野春色。它的果实个个都顶着一把可爱的"小伞"。轻轻一吹，小伞便会带着种子，漫天飘飞。

**形态特征：** 全株有乳汁。叶全基生，常紧接地表；叶片呈长圆倒披针形，边缘的锯齿逆向羽状裂，有时裂片不明显。每株有花莛数根，头状花序；花序内全是舌状花，黄色，舌片顶端有5个小齿。瘦果有喙，成熟时喙端有一丛白色冠毛。

拉丁名：*Taraxacum mongolicum*
英名：Mongol Dandelion

# 蒲公英

**用途：**全草入药，主要功能为清热解毒。可治各种外科疾患，如疔肿、淋巴结核、急性乳腺炎等，也治五官科炎症、骨科炎症等。

蒲公英在古代是蔬菜。如今可作野菜吃。以嫩叶最好，用开水烫过，冷水漂后，炒食、作汤或凉拌均可。花也可作汤。

**故事：**古代洛阳城有一位叫"公英"的少女患乳痈，疼痛难忍，多方求治不果。幸遇一位姓蒲的青年用一种野草捣烂给她敷治，几次下来居然治好了。后来二人结为夫妻。后人便将此草取名为蒲公英。

十字花科荠菜属一二年生小草本。花期3~5月。
分布几遍全国。

　　春天草地上荠菜开的小白花，十分显眼。
采点回去洗净，是美味的野菜。宋代辛弃疾词
云：“城中桃李愁风雨，春在溪头荠菜花。”
荠菜与春天是连着的。

形态特征：基生叶莲座状，羽状裂或大头羽状裂，偶有全缘；茎生叶狭披针形
或披针形，边缘有缺刻或锯齿。花序顶生，总状；花小，花瓣4，白色；心皮
2，合生；短角果呈倒三角形。

拉丁名：*Capsella bursa-pastoris*
英名：Shepherd's purse

# 荠菜

**故事：** 历史剧"平贵别窑"说的是唐代一当朝宰相的女儿王宝钏，用抛彩球法，选中了薛平贵这个穷汉子。其父嫌贫爱富，坚决反对，她与父亲断绝了关系，嫁给薛平贵，逃到长安郊外的武家坡住进了寒窑。后来，薛平贵从军征战，远赴西凉。王宝钏苦守寒窑18年，靠山野里的荠菜为生。后来薛平贵荣升回来，二人终于团聚。

**用途：** 荠菜含蛋白质、脂肪、糖，及钙、磷、铁、钾等矿物质，还含有胡萝卜素、维生素C等，营养丰富。药用可清热解毒、凉血止血、降压、明目，其所含的荠菜酸为止血的有效成分。

董菜科堇菜属多年生草本。花期4~6月。

　　分布于我国东北、华北各地以及陕西、甘肃、湖北等地。北京平原、山区习见，路边、草地、荒地、林下、山沟均有。

　　早开堇菜几乎与蒲公英同时开花。但它们的花期很短，大概也就是2周左右。它的叶片和蒲公英一样称为基生叶。意思是没有地上茎，叶片全部从基部发出。

形态特征：叶基生，长圆卵形或卵形；初出叶小，后出叶较长；叶基钝圆形，叶缘有钝锯齿；托叶基部与叶柄合生，叶柄上部有翅。花梗超出叶，小苞片2，生花梗中部；萼片5，基部有附属物，有小齿；花瓣5；子房无毛，花柱基部微曲。蒴果椭圆形，3瓣裂。

22

拉丁名：*Viola prionantha*
英名：Serrate Violet

# 早开堇菜

堇菜科

拉丁名：Violaceae　英名：Violet Family

　　堇菜科中国有4属120多种。

　　堇菜科形态特征以堇菜属为代表：多年生草本。一般无地上茎，少数种有地上茎。单叶互生或丛生；有托叶。花两侧对称；萼片5，基部延长为附属物；花瓣5，下面1个花瓣较大，有1距。春夏早开的花，有花瓣，产种子少；夏秋开的花生于近地面处，无花瓣，产种子多。雄蕊5，下面2个雄蕊基部有距状蜜腺，蜜腺伸入花瓣的距内。子房上位，3心皮合生，侧膜胎座，胚珠多数。蒴果；种子多数。

　　本科栽培花卉常见的有三色堇（又称蝴蝶花）。

用途：本种在中药中与紫花地丁不区别，药名亦称"紫花地丁"。可以引种作为早春的地被植物在绿化中应用。

　　在山区，早春开花的堇菜科植物还有多种（如下图及17页图）。

鸡腿堇菜

细距堇菜

董菜科董菜属多年生草本。又称光瓣董菜。花期4～6月。
分布于我国东北、华北至西北等地。北京山区、平原均有。

紫花地丁比早开董菜开花晚约1周左右。
当早开董菜花谢之时，紫花地丁正在怒放。不
留意区别，常会把它们当成一种花。

形态特征：叶基生；叶片狭长，舌形、长圆形或长圆状披针形，基部截形或楔
形，叶缘有圆齿，果时叶增大，长可达10cm，或近等腰三角形，较短。小苞片
生花梗中部；萼片5，卵状披针形，基部的附属物短；花瓣5，紫堇色或紫色。
蒴果长圆形。

**24**

拉丁名：*Viola philippica*
英名：Philippine Violet

# 紫花地丁

**用途**：全草入药，药名紫花地丁，有清热解毒、凉血消肿的作用。治痈疖、丹毒、目赤肿痛、咽炎等。

**野外识别要点**：早开堇菜叶片较宽，长圆卵形，下瓣的距较粗；而紫花地丁叶片狭披针形或卵状披针形，下花瓣的距较细，萼片附属物短（叶片对比见下图）。

北京堇菜

裂叶堇菜

报春花科点地梅属一年生草本。又称喉咙草。花期4～5月。

分布于我国东北、华北、华中至广东、四川等地。北京平原和各山区均多见，生草地、林下，多见于阳光较好的荒草地。

报春花科顾名思义就是早春开花。点地梅花小，形似梅花。盛花时如繁星点点，一片雪白，颇有景色。为天然的草地美化植物。

形态特征：叶莲座形基生；圆形或卵圆形，较小，先端钝圆，边缘有钝牙齿。花莛数条从基部抽出，高不过10cm；花序伞形，有花十数朵，花梗纤细；花萼杯状，5深裂；花冠白色，5裂，裂片倒卵状长圆形。蒴果扁卵球形，小。

拉丁名: *Androsace umbellata*
英名: Umbellate Rockjasmine

# 点地梅

叶莲座形基生的意思是: 叶全从基部生出, 呈辐射对称的几何图案样排列。

用途: 全草入药, 有解毒止痛之功。治咽喉疼痛, 故又称喉咙草。

弹刀子菜

玄参科通泉草属一年生草本。花期4～10月。

分布于全国多数地区。北京平原生于砂质河岸草地、沟边、路边、各公园草地。

用途：全草入药，有止痛、健胃、解毒的功能。治偏头痛、消化不良、疔疮、烫伤。

形态特征：植株低矮，常无毛，茎基部多分枝，直立或倾卧而节上生根，常有长蔓的匍匐茎。基生叶倒卵状匙形或卵状倒披针形，上部常无齿，基部楔形，下延成具翅的叶柄；茎生叶对生或互生。总状花序生茎枝之顶，有疏生的多朵花；花萼裂片卵形，无脉或不明显；花冠淡紫色或蓝色，二唇形，下唇开展，3裂，有褶襞2条。子房无毛。

拉丁名：*Mazus japonicus*
英名：Japan Mazus

# 通泉草

　　通泉草是一种较常见的小草本。但它大面积集中生长较少少，且花小，一般不太被人们注意。通泉草属我国共有20多种，分布于全国各地。它们的分类主要是根据被毛、叶形、有无匍匐茎等。

　　近缘种弹刀子菜(*Mazus stachydifolius*)，植株较高大，茎枝直立或斜升。茎及叶上具细长柔毛。子房有毛。萼裂片狭披针形。花期4~6月。

十字花科诸葛菜属一年或二年生草本。又称诸葛菜、二月兰。

分布于我国辽宁、河北、山西至长江流域各地。北京平原、山区皆有，为早春习见的野生种之一。

二月蓝也是我国一种春季常见的野花，花开时蓝紫色一片，很好看。近年来已成功地被推广，成为种植较广的地被植物。

形态特征：全株无毛，有霜粉，茎有分枝。基生叶和茎下部叶大头羽状分裂，顶裂片大，有时不裂，多变化，边缘有波状钝齿，叶基部两侧耳状抱茎。总状花序顶生；花紫色，花瓣4，呈十字形排列，瓣片倒卵形，下部窄成爪状；雄蕊6个。长角果细长，有4棱，先端有喙。

早春

拉丁名：*Orychophragmus violaceus*

英名：Violet Orychophragmus

# 二月蓝

用途：二月蓝的嫩茎叶为野菜，用开水烫后，再用清水漂洗去苦味，即可炒食。

野外识别要点：注意其花瓣4，淡紫色。长角果细长，有棱。但叶形变化特大。

　　本种在民间习称苦菜。在我国北方地区，苦菜是生长普遍的一种野菜，在农村几乎无人不识。女孩子们喜欢采来插在小辫子上，作装饰。苦菜可食，但味道微苦。

形态特征：高不过30cm，全株无毛，茎直立或斜升。叶基生，莲座状，倒披针形或更窄，全缘或有羽状裂，无柄，微抱茎。头状花序，多个排成伞房状；总苞圆筒状，外总苞片卵形，约有6～8个，内层狭长，绿色；全为舌状花，长达1.2cm，先端5齿裂，黄色或白色；花药绿褐色。瘦果狭披针形，有细条棱和小刺状突起，喙长3mm，冠毛白色。

拉丁名：*Ixeridium chinensis*
英名：China Ixeris

# 中华小苦荬

菊科小苦荬属多年生草本。又称山苦荬菜。花期4～6月。

分布于我国东北、华北至东部和南部地区。北京平原山区均有，极普遍，习生于荒地、路边、田边和山野地带。

用途：全草入药，可清热解毒、破瘀活血、排脓。治肠炎痢疾、跌打损伤、疮疖肿痛等。

将其点缀于草坪之中，能带来亲切、温馨的感觉。

菊科小苦荬属多年生草本。又称苦荬菜。花期4~7月。
分布于我国东北、华北等区。北京平原山区均多。

抱茎小苦荬开花较苦菜稍晚，盛花期到初夏。开时成片，极繁盛。由于其花色鲜黄，花茎较苦菜高，且花多，生长集中、成片，远看颇有景致。但其花小，花姿不如苦菜。

形态特征：茎直立，植株无毛，有乳汁。基生叶多枝，铺散；茎生叶较小，卵状椭圆形或卵状披针形，先端尖，基部扩大成耳状或戟形且抱茎极深，似茎从叶中穿出之状；叶全缘或有羽状裂。头状花序不大，全部为舌状花，花序又聚成伞房状；总苞圆筒形，仅2层总苞片，外层5片，极短小，卵形，内层常8片，披针形，长；舌状花鲜黄色，先端有5齿。瘦果黑色，喙短，冠毛白色。

**34**

拉丁名：*Ixeridium sonchifolia*
英名：Sowthistle Leaf Ixeris

# 抱茎小苦荬

**野外识别要点**：注意与苦菜、黄瓜菜区别。苦菜全为基生叶，叶狭长；头状花序中舌状花黄色较淡，花药绿褐色。抱茎小苦荬基生叶较苦菜短、圆；茎生叶基部全抱茎，且有耳状裂片。舌状花黄色较深，花药金黄色。

　　黄瓜菜(拉丁名：)又称秋苦荬菜，为黄瓜菜属，茎生叶最宽处不在基部，而在中部或中部以上，秋天方开花；而抱茎小苦荬的茎生叶最宽处在叶基部。

**用途**：全草入药，有清热、消肿之功。其嫩苗亦作苦菜食用，在民间与苦菜不作区分。

萼片　苞片

旋花科打碗花属一年生草本。花期5～7月。
分布于全国各地。北京平原极多见，生荒地、路边、田间。

　　田旋花在民间俗称喇叭花。它比牵牛花
要小，花色以淡粉色为多，花期初夏，不像牵
牛花专开在秋季。田旋花攀爬在草坪、灌木丛
上，也是很好的景色。

形态特征：茎平铺或缠绕，有分枝。叶互生；中裂片较长，叶基戟形、箭形
或微心形；全缘；两面无毛。花单生叶腋，花梗长过叶柄；苞片2，线形，远
离萼片；萼片5，被毛；花冠漏斗状，粉红或白色；雄蕊5；子房无毛，柱头2
裂，线形。蒴果卵圆形。种子黑褐色。

拉丁名：*Convolvulus arvensis*
英名：Field Bindweed

# 田旋花

旋花科
拉丁名：Convolvulaceae　英名：Glorybind Family

旋花科中国有22属100多种。

旋花科多为草质藤本，少木本，或寄生种类。常有乳汁。单叶互生；全缘或分裂；无托叶。花单生或成花序；苞片成对；萼片5，宿存；花冠合瓣，漏斗状或高脚碟状，开花前呈旋卷形；雄蕊5，有花盘；子房上位，心皮2～3，合生，中轴胎座，每室2胚珠。蒴果周裂或盖裂，有时不裂；种子三棱形。

本科识别要点：一年生藤本。叶互生。花冠漏斗状，开花前旋卷；子房上位。蒴果。种子三棱形。

本科重要花卉有牵牛花、茑萝、打碗花；著名粮食作物有番薯；药用植物有菟丝子等。

**野外识别要点**：本种与打碗花区别在于。本种的2个苞片微小，且远离花萼而生。这也是打碗花属(*Calystegia*)与旋花属(*Convolvulus*)的主要区别。另外，田旋花花期要早些。

菊科鸦葱属多年生草本。花果期4～5月。
分布于东北和华北。北京山区多见。

春天，在山地很容易看到鸦葱，你弄破它
的叶子，即冒出白色乳汁，那长条形叶子倒有
点像葱，皆基生。花莛上的头状花序未开时呈
尖嘴形，有点像乌鸦嘴。

用途：其根入药，有清热解毒、消炎的作用。多外用。

形态特征：有乳汁。高不过30cm。根粗，茎直立，无毛，有白粉。基生叶披针
形，长不超过15cm。边缘有皱状弯曲；茎生叶2～3个，窄小。头状花序单生茎
顶，全为舌状花，淡黄色外面玫瑰色。瘦果圆柱形，无喙，冠毛白色，羽毛状。

拉丁名：*Scorxzonera sinensis*
英名：China Serpentroot

# 桃叶鸦葱

菊科狗舌草属多年生草本。花果期5～6月。
分布于我国北部、东北部及东部地区。

狗舌草早春开花，高不过40cm或更矮，花黄色。茎叶有白色蛛丝状绒毛。北京西山金山低山阔叶林下及箩芭地山顶多见。

形态特征：高20～45cm。茎直立，单一，全株灰白色。开花时，基生叶存在。基生叶长圆形、倒卵状长椭圆形，长达10cm，宽达2.5cm，先端钝圆，基部下延成柄，边缘有不整齐牙齿，两面密被白色蛛丝状毛；茎生叶狭小。头状花序3～9个，呈伞房状排列，直径3～4cm；总苞片披针形，边缘膜质；舌状花黄色，长达1.7cm。瘦果圆柱形，有密毛，冠毛白色。

拉丁名：*Tephroseris kirilowii*
英名：Dogtongueweed

# 狗舌草

用途：全草入药，有清热解毒和利尿的作用。治尿路感染、疖肿等病。

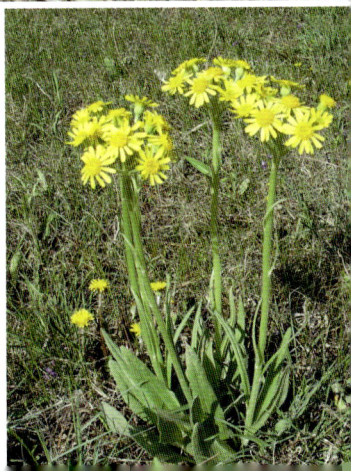

拉丁名：*Gueldenstaedtia multiflora* 英
名：Manyflower Gueldenstaedtia

# 米口袋

豆科米口袋属多年生矮小草本。花期4～5月。

分布于东北、华北、华东及西北。北京普遍。

**形态特征**：根粗厚，圆锥状。茎极短，全株有白柔毛。叶基生；奇数羽状复叶，小叶9～21个，椭圆形或较短，长2cm左右，宽不及1cm，全缘；托叶披针形。伞形花序出自基生叶丛，有多朵花，花梗极短；萼钟状；花冠紫红色或蓝紫色。荚果圆柱形，长1.5～2cm；种子多数。

**用途**：全草入药，叫做"甜地丁"有清热解毒作用。治疗疮痈肿及化脓性炎症。

拉丁名: *Astragalus scaberrimus*
英名: Coarseleaf Milkvetch

# 糙叶黄耆

豆科黄耆(同芪)属多年生矮小草本。花期4～5月。

分布于我国东北、华北及河南、山东、陕西、甘肃等地。北京平原、山区均多见。

糙叶黄耆早春开花，故又称"春黄耆"。它喜生于旱地，贴地而生，小花白色，远看有点像碎纸屑。它的叶片远看灰白色，近看实际是被有许多丁字形白毛。

**形态特征:** 茎贴地匍匐，全株有丁字形和伏生白毛。奇数羽状复叶:小叶7～15个，较小，椭圆形，长不过1.5cm，先端圆，两面有丁字毛。总状花序腋生，有花3～5朵:花冠白色或黄白色，旗瓣椭圆形，端微凹。荚果圆柱形。

玄参科地黄属多年生草本。花期4～6月。

分布于我国东北、华北、西北和华东各地。北京山区、平原极多见，生于荒地和路边。也有栽培的。

地黄的花管具蜜，有甜味，许多人在童年时都有过采地黄花来吸食的经历。

我国古代将地黄作为马的补药。唐代诗人白居易曾作《采地黄者》诗云："麦死春不雨，

形态特征：有肉质根状茎，植株低矮。叶子较大，皆基生，叶片倒卵形至长椭圆形，边缘有不整齐的锯齿，上面有皱纹，下面淡紫色，有白色柔毛和腺毛。花茎密生腺毛，上部生花数朵；花紫红色，密生腺毛，花冠像管状，口部有5裂，二唇形；雄蕊4个，内藏；子房卵形，花柱细长。果实为蒴果。

**44**

拉丁名：*Rehmannia glutinosa*
英名：Adhesive Rehmannia

# 地黄

禾损秋早霜，岁晏无口食，田中采地黄。采之将何用？持之易糇粮。凌晨荷锄去，薄暮不盈筐，携来朱门家，卖与白面郎，与君啖肥马，可使照地光，愿易马残粟，救此苦饥肠。"诗中说穷人挖地黄到富人家去换马吃的粟以充饥，而马食地黄可使毛光润。宋代苏东坡亦作有《地黄》诗："地黄饲老马，可使光鉴人。吾闻乐天语，喻马施之身。"

用途：地黄的根状茎自古入药，野生或栽培的根状茎不加工者称生地黄；经人工加工者称熟地黄。熟地黄补精血，生地黄生精血。今天中医视地黄为清热、凉血，滋阴、养血、补血的良药。治阴虚发热、消渴、月经不调、盗汗遗精等。

**用途:** 白头翁根入药,有清热解毒、凉血止痢的功能。白头翁煎剂对金黄色葡萄球菌、福氏痢疾杆菌、伤寒杆菌、绿脓杆菌等均有抑制作用,为治细菌性痢疾、肠炎、阿米巴痢疾的药物。

毛茛科白头翁属多年生草本。花期4~5月。

分布于我国东北、华北、西北、华东、中南等地。北京各山区均有,生于山坡或山沟向阳草地。

白头翁果熟时,果顶端有宿存的白色的羽毛状长花柱,如白发老头,因此得名。

**形态特征:** 全株密生白色柔毛。基生叶4~5枚,有长柄;叶片宽卵形、厚质;三出复叶,中央小叶宽卵形,有短柄,3深裂,裂片顶有2~3圆齿,侧小叶近无柄,倒卵形,2~3深裂,下面密生伏毛。花茎1~2,高达35cm;总苞片3个,基部合成筒状,外面密生白长柔毛;花单生,花梗长达5cm;萼片6个,蓝紫色,花瓣状,长圆卵形;雄蕊多;心皮多。聚合果由多数瘦果组成,呈头状;瘦果有宿存花柱,羽毛状,白色,长达6cm以上。

**46**

拉丁名：*Pulsatilla chinensis*
英名：China Pulsafilla

# 白头翁

毛茛科

拉丁名：Ranunculaceae

英名：Buttercup Family

毛茛(音gen)科中国有40属700多种。

鉴别毛茛科最好有花。毛茛科的花冠是有多数离生的雄蕊，即各个雄蕊的花丝互不相连合。雌蕊不论多数或少数，也总是离生的。结的果实是许多瘦果或蓇葖果。至于花的颜色，多是黄色、白色或蓝紫色。有一部分种类只有萼片，没有花瓣；而且萼片有颜色，像花瓣，如小花草玉梅、大火草、银莲花。唐松草不仅无花瓣，连萼片也极小，且容易脱落。

如果没有开花，可以根据下面几点来判断：首先，毛茛科大多为草本或草质藤本，没有乔木，灌木也极少。其次，注意叶子的着生。铁线莲属为草质或木质藤本，叶除个别种以外均对生。而其他属都是叶互生。叶多有分裂甚至2～3回羽状复叶。没有托叶。

毛茛科有许多重要药用植物，如金莲花、乌头、白头翁、牡丹、芍药、升麻、黄连等。

菊科大丁草属多年生草本。春型的花期4~8月；秋型的花期7~
8月。

分布于我国南方和北方广大地区。北京各山区均多见。

大丁草有两型花。春型花和普通的菊科花类
似；秋型花却看不到花冠。这种两型花的繁殖特
性是对自然环境的有效适应。

形态特征：春型春天开花；植株较矮小，高不过15cm。叶基生莲座状，叶片椭
圆广卵形，长不过5.5cm，羽状分裂呈提琴状，顶端裂片宽卵形，基部心形，
边缘有不规则圆齿，下面有白色绵毛。花莛直立；头状花序单生，直径不超过
1cm，外围有一圈紫红色的舌状花，雌性，中央有许多两性的管状花。
秋型植株高达30cm。叶倒披针状长椭圆形，长达16cm，裂片与春型叶类似，顶
裂片先端短渐尖，下面仅有蛛丝状毛。头状花序较大，直径达2.5cm；舌状花
罕见，仅有管状花，为闭锁花结果实。冠毛淡棕色。

**48**

拉丁名: *Arisaema erubescens*

英名: One Umbrella Southstar

# 一把伞南星

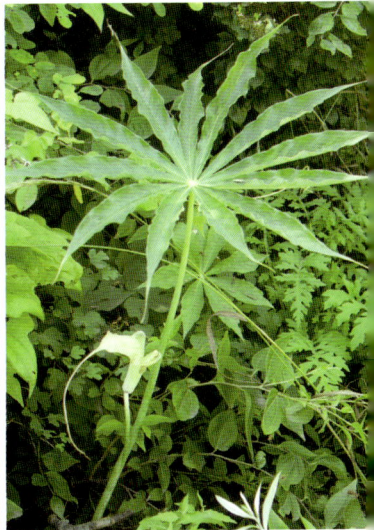

**野外识别要点:** 许多小叶成一圈排列如伞。花序穗状,似马蹄莲,外有佛焰苞。

近缘种东北天南星(拉丁名: *Arisaema amurense*),小叶3~5片,倒卵形或卵状披针形。北京山区亦有分布,生于林下阴湿处。块茎同样入药。

东北天南星

天南星科半夏属多年生草本。花期6～7月。

分布于我国东北、华北、华东至西南地区。北京各山区均多，生于山沟阴湿处。

天南星科植物的叶片形状多种多样，所以不开花时很难判断。不过只要一开花，根据它们独一无二的佛焰花序，一下子就能识别出来了。佛焰花序就是肉穗状花序被一个大型、通常具鲜亮颜色的大苞片所包围。就像花卉中的马蹄莲、红掌那样。不过半夏的佛焰苞颜色并不鲜艳。

形态特征：圆球形块茎。叶基生；1年生叶为单叶，心状箭形或椭圆状箭形；2～3年生者为3小叶，生于叶柄端，小叶卵状椭圆形或倒卵状长圆形，总叶柄长可达20cm，基部鞘状；常有珠芽。花序肉穗状，外有佛焰苞；花序下部的雌花序与佛焰苞合生，上部为雄花序，附属器狭长，远超出佛焰苞；花无花被；雄花有2雄蕊；雌花的子房卵形，1室，1胚珠。浆果。

**454**

拉丁名：*Pinellia ternata*
英名：Halfsummer

# 半夏

**用途**：本种为有毒植物，块茎经加工后可入药，有开胃祛痰、镇静的功能。

**野外识别要点**：3小叶复叶。佛焰花序。

近缘种虎掌，又称掌叶半夏(拉丁名：*Pinellia pedatisecta*)，特点是叶片掌状分裂，中裂片全缘，长椭圆披针形，侧裂片再裂成3～4片。北京山区多见，入药功效与本种同。

掌叶半夏

掌叶半夏

锦葵科木槿属一年生草本。花期6～7月。

分布于河北、山西、陕西，南至华中地区；北京山区多见，习生于山沟荒地上。

野西瓜苗叶掌状深裂，似西瓜苗而得名。它的花尚未打开时，犹如小纱灯。小巧玲珑，可种植供观赏。

**形态特征**：高50～60cm。茎有白粗毛。叶互生；下部叶掌状5浅裂；上部叶掌状3深裂，裂片有齿。花单生叶腋；花梗长；花淡黄色，有多数副萼片，呈线形；萼5裂，膜质；花瓣5，基部合生；花柱顶端5裂。蒴果。

拉丁名： *Hibiscus trionum*
英名：

# 野西瓜苗

锦葵科

拉丁名：Malvaceae 英名：Mallow Family

　　锦葵科中国有13属约50多种。北京有6属10多种。

　　本科为草本、灌木和乔木。枝有黏汁。单叶互生，全缘或分裂，常为掌状裂，有托叶。花常两性，整齐，单花或成花序；萼片3～5，多少合生，常有副萼片；花瓣5，分离，在芽中回旋状排列；雄蕊多数，花丝合生成柱状，称单体雄蕊，花药1室；子房上位，2至多室，每室有1至多个胚珠，花柱数与心皮数同或为其2倍。蒴果或分果。

　　本科经济植物多，如产纤维的棉；著名花卉有木槿、扶桑、木芙蓉、蜀葵、秋葵等；蔬菜有冬寒菜。

**野外识别要点**：花瓣5，回旋状排列。叶掌状深裂，似西瓜苗，花蕾萼片膜质特别显眼，像小纱灯，因而眼。

457

桔梗科风铃草属多年生草本。花期7～8月。

分布于我国东北、华北，南至河南、湖北、四川，西北至陕西、甘肃等地。北京西部、北部山区皆有分布，生于山区阴坡草地或林缘。

本种全草入药，有清热解毒、止痛功能，治咽喉炎、头痛。花大美丽，可引种栽培于公园、庭院供观赏。近缘种风铃草原产欧洲，为著名观赏花卉。

形态特征：高达50cm。茎直立不分枝。植株有乳汁；密生柔毛。基生叶有长柄，叶片卵形；茎生叶有带翅的柄，卵形或卵状披针形，长达5cm，边缘有齿，两面有柔毛。花单朵顶生或腋生，下垂，有长柄；花萼裂片披针状狭三角形，裂片间有附属体；花冠黄白色，有紫斑点，钟状，长达4cm，5浅裂；雄蕊5；子房下位，柱头3裂。蒴果，熟时从基部3瓣裂。

拉丁名：*Campanula punctata*
英名：Spotted Bellflower

# 紫斑风铃草

　　由于风铃草的花朵像英国坎特伯雷寺院朝圣者手摇的铜铃，因此又称"坎特伯雷之钟"。希腊神话中有一个故事：夜间明星坎帕纽尔(汉斯培洛斯的女儿)看守金苹果果园，一天园里来了盗贼，坎帕纽尔摇响银铃告知果园的守护神百眼巨龙德拉贡。盗贼惊慌之中，拔剑刺死了坎帕纽尔，然后逃跑了。花神可怜这位姑娘，就把她变成一株银钟形美丽的花。

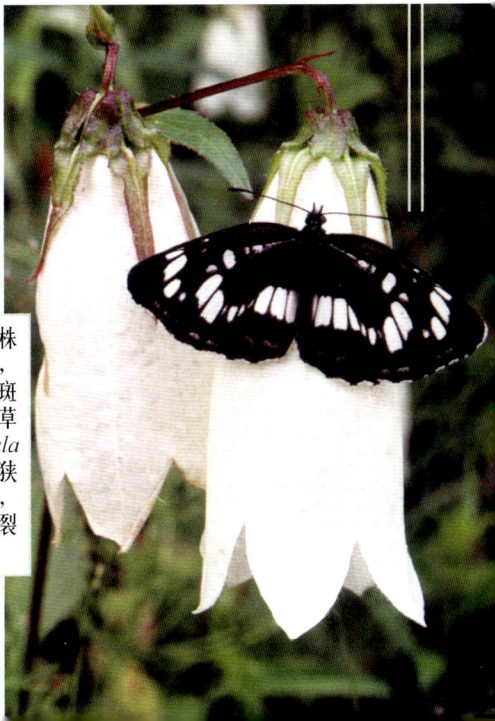

**野外识别要点**：植株有乳汁。花冠钟状，下垂，白色，有紫斑点。近缘种风铃草(拉丁名：*Campanula medium*)，叶狭窄。花直立或斜伸，蓝紫色或淡红色，裂片反卷。

拉丁名: *Orostachys malacophyllus*
英名: Fimbriate Orostachys

# 钝叶瓦松

景天科瓦松属二年生或多年生草本。花期7～9月。

分布于东北、河北、内蒙古。北京山区生于山坡岩石缝中或多石山坡。

用途: 全草入药, 止血、活血。但有毒, 宜慎用。可引种于公园假山上供观赏。

形态特征: 第一年仅长莲座丛叶, 叶片近似长圆状披针形。第二年丛莲座叶丛中抽出花茎, 高10～25cm, 不分支; 花序密集, 穗状或总状, 花瓣5, 白色或带绿色, 长圆形或卵状长圆形; 雄蕊10, 花药黄色; 心皮5, 分离。蓇葖果。

近缘种瓦松(拉丁名: *Orostachys fimbriatus*), 高15～30cm。无毛。基生叶肉质莲座状, 匙状条形, 先端增大, 有齿; 茎生叶散生, 无柄, 条形, 长2～3cm。花序圆柱状或圆锥状, 长达20cm; 花瓣淡粉红色, 披针形; 雄蕊10, 花药紫红色。蓇葖果5。分布于东北、华北、华东、西北。北京山区多见, 生于石上或房顶上。

瓦松

瓦松

460

# 木本花卉

木本花卉中的山桃、山杏等许多蔷薇科的种，在早春3～4月先叶开花，这已在前面介绍了。接下来是蚂蚱腿子，大约在五·一前开花。

5月上山，满山遍野最多的是开白花的大花溲疏。红花锦鸡儿相对比较少见。漂亮的迎红杜鹃则大都分布在海拔1000m以上，接近山顶的地方。

6～7月份，开花的种类开始多起来：山地阳坡生长的薄皮木和荆条；林中杂生的小花溲疏、丁香；最有特色的是东陵八仙花和鸡树条荚蒾；而胡枝子和蒁子梢这两种非常常见的豆科小灌木，常被许多人搞混。

菊科蚂蚱腿子属灌木。花期4月。

分布于我国东北和华北等地。北京西部、北部山区皆有，海拔200～600m的山地阴坡或山沟中有生长。

蚂蚱腿子为早春先叶开花的灌木，一般在"五一"节长假的时候它就已经开过了。它是菊科中惟一的木本植物，是华北山区阴坡的优势灌木种之一。

形态特征：株高不及1m；多分枝。叶互生；全缘，宽披针形，疏有柔毛；叶柄短。头状花序生于叶腋；雌花、两性花异株；总苞片5～8，长椭圆形，密生绢毛和腺体；雌花花冠淡紫色；两性花花冠白色。瘦果，冠毛白色。

**462**

拉丁名：*Myripnois dioica*
英名：Cocustleg

# 蚂蚱腿子

蚂蚱腿子的花为具
总苞的头状花序，
这是菊科的标志。

用途：本种植株矮小，花色美丽，可作盆景。

茜草科薄皮木属（或野丁香属）灌木。花果期6～9月。

分布于河北、山西、陕西、湖北、四川、云南等地。北京山区多见。

薄皮木夏季开花，常生于花岗岩山地，向阳的山坡，土层很薄的地方。小花粉红色至紫色，可以引种为园林绿化植物，用作岩石园的绿化植物。

形态特征：落叶小灌木。单叶对生；全缘，椭圆卵形至长圆形；叶柄短，叶柄间托叶呈三角形，基部有2脉。花数朵聚成头状，生顶部叶腋；有小苞片；萼5齿，宿存；花冠紫色，长漏斗形，5裂，裂片长。蒴果椭圆形。

萝藦科杠柳属落叶木质藤本。花期5～6月。

分布于我国东北、华北、华东及陕西、甘肃、四川、贵州等地。北京山区、平原均见，多生于低山丘陵地带，沟谷、荒坡均有，高海拔可达1400m。

用途：本种的根皮入药，称"香加皮"，有祛风湿、强筋骨的作用，治风寒湿痹、腰腿关节疼痛。

本种花色紫红，有观赏价值，可引种。

形态特征：有乳汁。叶对生；长圆状披针形或披针形，长可达10cm，宽达2.5cm，全缘，羽状脉明显；叶柄短。聚伞花序腋生，着花数朵；花萼5裂，裂片卵圆形，里面基部共有10枚腺体；花冠紫红色，呈辐射状，直径达1.5cm，裂片5，中间部位加厚，反卷，里面有毛；副花冠呈环状，10裂，其中5个裂延伸呈丝状，并向里面弯曲；雄蕊5，花药器匙形，载粉器内有四合花粉。蓇葖果2个，呈叉生状，圆柱形，长达15cm；种子多，顶端有白毛。

拉丁名：*Periploca sepium*
英名：China Silkvine

# 杠柳

萝藦科

拉丁名：Asclepiadaceae 英名：Milkweed Family

　　萝藦科中国有44属240多种。

　　本科大多为多年生草质藤本或直立草本，少木质藤本。植株有乳汁。单叶对生或轮生；无托叶。花辐射对称；花萼5裂；花冠5裂；副花冠5个，分离或基部合生，生花冠筒上。雄蕊5，花丝短，多合生为筒状，包于雌蕊之外，称为合蕊冠；花药合生，花粉粒结合成外有薄膜的花粉块，花粉块通过粉块柄连结于着粉腺上；每个花药有花粉块2个或4个，也有的花粉器为匙形，上有载粉器，内有四合花粉。子房上位，心皮2，离生，柱头合生。蓇葖果双生或因其中一个不育成单生。种子多，顶端有绢毛。

　　本科有著名药用植物杠柳、白首乌、白薇；著名野生藤本植物萝藦。

---

**野外识别要点**：叶对生，长圆状披针形，上面略有光泽。有乳汁，花紫红色，副花冠中有5裂呈丝状向内弯曲。

　　东陵八仙花的花序有特化现象：周边不育花，仅有4萼片呈花瓣状明显，便于吸引昆虫到花序上来为中央的两性花实现异花授粉，产生生命力强的后代。两种花分工合作，是对虫媒传粉的一种适应形式。

形态特征：高不过3m。叶对生；叶片较大，长卵形或长椭圆形，长可达16cm，边缘有尖锯齿，上面有柔毛。伞房花顶生，几成平顶式，宽可达15cm；边缘有多朵较大形的不育花，每朵有大形萼片4个，初时白色，后变为淡紫红色，呈花瓣状，宽卵形，长达2.5cm；花序中央的花小而密，两性；花瓣5，早落；雄蕊10；花柱3。蒴果近卵形，顶端开裂；种子多。

拉丁名：*Hydrangea bretschneideri*
英名：Shaggy Hydrangea

# 东陵八仙花

虎耳草科绣球属灌木。又称东陵绣球。花期6～7月。

东陵八仙花分布于河北、山西、河南、湖北、四川至甘肃、青海。北京海拔1000m左右中山区有分布，习生于山沟林下阴湿处。

**野外识别要点：**灌木。叶对生；较大，不分裂而有锯齿。花序伞房状；边缘花多朵，萼片白色，花瓣状，不久变淡紫红色。

马鞭草科牡荆属灌木。花期6～8月。

分布于东北、华北、西北、华中至西南等地。北京山区海拔800m以下极普遍，多生阳坡、山谷及干燥地带。

荆条是低山、中山地带最常见的灌木之一。一般生于阳坡，常与酸枣同生。它的叶片为掌状复叶，开花时紫蓝色一片，也成为山地一景。荆条花为重要蜜源植物之一。荆条枝条坚韧，粗细适中，农村多用作编筐材料。

形态特征：掌状复叶对生；小叶羽状深裂或有锯齿，偶有近全缘者。圆锥花序疏展；花萼宿存，有5齿裂；花冠蓝紫色，偶近白色，二唇形；雄蕊4，2个较长，稍伸出花冠外。核果球形。

拉丁名：*Vitex negundo* var. *heterophylla*
英名：Heterophyllous Chaetetree

# 荆条

马鞭草科

拉丁名：Verbenaceae　英名：Vervain Family

马鞭草科中国有21属约175种。

本科主要特征为：木本，少草本。叶对生；单叶或复叶；无托叶。花两侧对称，偏斜或成唇形；花萼4～5裂，宿存；花冠4～5裂；雄蕊4，2个较长，有时2个或更多，生花冠筒上；子房上位，心皮2，2～4室，每室1～2胚珠。核果、蒴果或浆果状核果。

从花的形态结构看，近唇形科，但马鞭草科的果实不是四小坚果，又多为木本，可区别。

北方野生种主要为荆条。

栽培花木有臭牡丹、有海州常山、龙吐珠、马缨丹、美女樱、紫珠等种。

**用途：** 荆条有抗旱性能，可作为荒地绿化护坡植物。荆条果实入药，有止咳平喘、理气止痛的作用。

木犀科丁香属小乔木。又称巧玲花。花期6月。

分布于华北、西北、华中。北京各山区皆有。生于山地阴坡或山沟。

本种叶下面中脉下部有短柔毛，毛叶丁香之名可能就源于此。它的花冠细管状，比栽培的紫丁香的细得多。可引种供观赏。

形态特征：高不过3～4m。叶对生；卵圆形、卵状椭圆形，全缘；叶下面中脉靠下部处常有白色短柔毛，上面无毛。圆锥花序花梗无毛；花较小而密集；淡紫色，有香气；花冠管细长达1.5cm，裂片4，外展；雄蕊2。蒴果外有小瘤。

木

拉丁名：*Syringa pubescens*
英名：Hairy Lilac

# 毛叶丁香

豆科胡枝子属。花期7～8月。

分布于东北、华北及河南、山东、陕西等地。北京各山区习见，生于山地阴坡或山沟林下。

荒子梢与胡枝子都是较高的灌木，同属于豆科不同属；都为羽状3小叶，小叶大小相似。野外识别时只要将二者区分好，则与别的植物不易混淆。

**形态特征:** 高达2m以上。叶互生；三出羽状复叶；顶生小叶略大，椭圆形或倒卵状长圆形，长达7cm，先端钝圆或稍凹，有短尖；有长叶柄。总状花序腋生；花长达1.5cm，紫红色；萼杯状，4裂；旗瓣倒卵形。荚果斜卵形，有短喙。

拉丁名：*Lespedeza bicolor*
英名：Bushclover

# 胡枝子

**用途**：根入药，有辛、凉、解表作用，可治感冒发热。

　　胡枝子有一定的抗旱能力。可用于山地护坡护堤作水土保持之用。其花较多，色鲜艳，可植于公园、庭院供观赏。其嫩枝叶可作饲料。

**野外识别要点**：灌木。植株较高可达2m。羽状3小叶；全缘；几无毛。花紫红色。

豆科莸子梢属灌木。花期8~9月。

分布于东北、华北、西北、华东，南到湖北和四川。北京山区多见，生林下和山沟。

莸子梢与胡枝子有一个最直观的区别：莸子梢的花序较短而圆整，而胡枝子的花序较侧偏，显得细瘦些。

形态特征：高达2m以上。幼枝有白色密毛。3出羽状复叶；顶生小叶比侧生小叶大，椭圆形，长达6.5cm，宽达4cm，先端圆或稍下凹，基部圆形，全缘；上面无毛，下面有柔毛，特别中脉靠中下段有柔毛。总状花序腋生，或圆锥花序顶生；苞片早落；花似三角状镰刀形；萼筒状钟形，萼齿5；花冠紫色，长达1cm；雄蕊10，为9和1的2体雄蕊；花脱落时，花梗不落。荚果斜椭圆形，长达1.5cm，有短喙。

拉丁名：*Campylotropis macrocarpa*

英名：Clovershrub

# 菝子梢

从植物学的角度，区别最明显的一点是胡枝子的小叶几无毛。开花时从花序上看，胡枝子的花往往2朵生一处；菝子梢则单花生一处。菝子梢的花还有一特点是花脱落时，从与花梗相连处脱落，花梗不落；而胡枝子的花从不离花梗。

**用途**：菝子梢的花美丽、紫色，可栽培供观赏。根及全株在陕西、河南供药用。有发汗解表、舒筋活络之功，治感冒。

豆科胡枝子属亚灌木。花期7～8月。

分布于东北、华北、华东及陕西、甘肃、青海。北京山区多见，生于山坡草地或林下。

多花胡枝子是营养丰富的饲料。它的花多、花色鲜艳，引种栽培于公园或绿地土山上是很好的造景灌木。

**形态特征**：枝细斜升。三出羽状复叶；小叶倒卵形、倒卵状长圆形，上面无毛，下面有毛。总状花序腋生；萼钟状，裂片披针形；花冠紫色，蝶形；另有无瓣花簇生叶腋，呈头状花序。荚果小，长仅5mm；有柔毛。

拉丁名：*Lespedeza floribunda*
英名：Flowery Bushclover

# 多花胡枝子

**野外识别要点：** 羽状三小叶，常倒卵形，全缘；小叶上面无毛。花紫色，颇鲜艳。

杜鹃花科杜鹃花属灌木。又称蓝荆子。花期5～6月。

分布于我国东北、华北及山东等地，江苏北部也有。北京山区多见，生于海拔600～2000m左右山坡或山顶。

杜鹃花科植物多生于我国南方及西南地区。但北方也有几种。迎红杜鹃早春先叶开花，花期恰逢"五一"节长假，在北京山区近山顶处常可以见到。

**形态特征**：高1～2m。多分枝。叶散生，质地薄；椭圆至长圆形，长3～7cm，宽约2cm，边缘略有齿，背面有鳞片；叶柄短。花淡紫红色，先叶开花；几无花梗；萼片小；花冠漏斗状，径达4cm，5裂至中部；雄蕊10，不等长，约与花冠同长，花丝中下部有毛；子房5室，花柱单一。蒴果圆柱形。

拉丁名：*Rhododendron mucronulatum*
英名：Korea Azalea

# 迎红杜鹃

　　朝鲜的国花金达莱就是迎红杜鹃。据说它是一对不畏强暴的青年男女——金玉和达莱所化，你看它的花总是两两在枝头并生着。

用途：叶入药，有解表、化痰、止咳、平喘的功能，治感冒头痛、咳嗽、哮喘、支气管炎等。

用途：本种花紫或白色，有观赏价值，北京公园见有栽培。

由于丁香花早已被引种为园林植物，所以很少有人会想到在野外也能看到它。其实在北京山区就分布有多种丁香。

形态特征：高达3m。小枝粗壮，有瘤状突起和星状毛。叶对生；宽椭圆形或长椭圆形，较大，长达18cm，全缘；下面有白粉，近中脉处有柔毛；叶柄短。圆锥花序顶生；花紫色或白色；花冠管状，长1.2cm，裂片4，开展。蒴果长达1.5cm，光滑。

拉丁名：*Syringa villosa*
英名：Late Lilac

# 红丁香

　　木犀科丁香属灌木。花期5~6月。
　　分布于我国东北、华北等地。北京西部、北部山区皆有，多生于海拔1000m以上山地。

---

木犀科

拉丁名：Oleaceae　英名：Olive Family

　　木犀科中国有12属约180种。
　　木犀科全为木本，以灌木为多，乔木次之，藤本又次之。其叶大多对生，少互生或轮生；主要为单叶，部分为复叶。其花冠合瓣，常4裂；雄蕊2；心皮2，合生，子房上位，2室，每室2胚珠。果为浆果、核果、翅果，少翅果。
　　本科主要特征为：木本。叶对生。花冠4裂；雄蕊2；子房上位。
　　木犀科包含有重要花木丁香、桂花、连翘、茉莉、迎春等；野生花木有多种丁香。

蔷薇科蔷薇属灌木。又称山刺玫。花期6～7月。

分布于东北和华北。北京山区野生较多，生于海拔1000m以上的山沟和山坡。

形态特征：高不过2m。枝条无毛；小叶和叶柄基部有微弯皮刺。羽状复叶；小叶常7～9，长椭圆形，长达3.5cm，边缘中部以上有细锯齿，上面无毛，下面有白霜，沿脉有弯毛和腺点；托叶大。花单生或几朵聚生；直径约4cm，花梗有腺毛；萼筒无毛，萼片披针形，边缘有腺毛；花瓣5，深红色；雄蕊多数；花柱柱头伸出萼筒口外。蔷薇果圆球形，径达1.5cm，红色，无毛，萼片宿存。

**484**

拉丁名：*Rosa dahurica*
英名：Dahu Rose

# 刺玫蔷薇

春末夏初，桃花开过之后，山顶上和山沟里野蔷薇开始绽放出它美丽的花朵。刺玫蔷薇桃红色的花朵很容易被误认为是人工栽培的花卉，事实上它们是土生土长的野花。

**野外识别要点**：叶片较厚，小叶边缘近中部以上有细锐锯齿。其蔷薇果外面无腺毛，球形，红色。

蔷薇科蔷薇属灌木。花期5～7月。

分布于华北及山东等地。北京山区有分布，在海拔1000m以上的林下、山坡或山沟有生长。

美蔷薇与刺玫蔷薇的区别在于：叶片较薄，小叶边缘全有尖锐锯齿。蔷薇果椭圆形，外面有腺毛，红色。

形态特征：高1～3m。小枝有散生皮刺。羽状复叶；小叶7～9，长椭圆形或卵形，长达2cm，边缘有尖锐锯齿，下面无毛，中脉有腺体和小刺；托叶宽。花单生或2～3朵聚生；直径可达5cm，有香气；花梗与萼筒均有腺毛；萼片披针形，先端尾尖状，有腺毛和柔毛；花瓣5，粉红色，宽倒卵形；雄蕊多数；花柱不伸出萼筒口外。蔷薇果椭圆形，长达2cm；深红色；外被腺毛，果梗有腺毛；萼片宿存。

拉丁名：*Rosa bella*
英名：Solitary Rose

# 美薔薇

蔷薇科

**拉丁名：** Rosaceae **英名：** Rose Family

　　蔷薇科中国有55属约1000种。

　　鉴别蔷薇科首先要看它的花。蔷薇科的花有一个杯形的花托，萼片、花瓣、雄蕊、雌蕊均生在此花托上。这一特点最明显的是桃花、杏花、梅花和李花。在杯状花托的周边缘上从外向内排列生有萼片、花瓣和雄蕊。花托的底部则着生1个雌蕊。这种花在植物学上叫做周位花。此外，蔷薇科的萼片或花瓣多是5个。雄蕊多数，且是离生的。

　　三裂绣线菊、土庄绣线菊的花形态结构也像桃花，有5个萼片，5个花瓣，多数雄蕊生在小形杯状花托边上。它有5个离生的雌蕊生在花托的底部，但结的果实为蓇葖果，1花常结5个。有时发育不全而只有4个果实或更少。

　　蔷薇科花的要点为：周位花，杯状花托。雄蕊多，且离生。雌蕊多个或可少至1个；如为多个又是离生的，如草莓。结果实有多样：聚合瘦果、蓇葖果、核果、梨果。

　　锦带花花色美丽，枝条上下均出花，如一锦绣带，故名。

　　忍冬科锦带花属灌木。花期6～8月。
　　分布于我国东北、华北等地。北京多见于东北部山区，西部未见。密云坡头很多，延庆、怀柔山区也有，生于山坡林下或林缘灌丛地带。

　　**形态特征**：高达3m。小枝紫红色。叶对生：椭圆形、卵状长圆形或倒卵形，长2～5cm，边缘有浅齿，两面有柔毛，脉上尤多。伞形花序有花1～4朵，顶生于短侧枝上：花萼外有疏长毛，萼5裂；花冠漏斗状钟形，外面粉红色，里面灰白色，长达4cm，有裂片5，宽卵形；雄蕊5；柱头2裂。蒴果长达1.5～2cm，顶端有喙，室间开裂。种子多。

拉丁名：*Weigela florida*
英名：Brocadebeld Flower

# 锦带花

锦带花有时有变异，花变为白色。

豆科鸡锦儿属灌木。又称金雀儿。花期4～5月。

分布于我国东北、华北、西北、华东等地。北京山区较多，生于山坡、山沟。

红花锦鸡儿小叶4个，由于两对小叶之间无距离，故4个小叶生于一处似掌状，名为假掌状。花多，好看，可以引种入庭园作观赏花木。

形态特征：高达1m。长枝上的托叶硬化成针刺状；短枝上的托叶脱落，叶轴有时变态成针刺状。小叶4个，假掌状排列；小叶椭圆状倒卵形，长1～2.5cm，先端有刺尖。花单生；花梗长1cm，中部有关节；花萼钟状，萼齿有刺尖；花冠黄色或淡红色，旗瓣长圆倒卵形；子房无毛。荚果圆柱形，长达6cm；无毛。

拉丁名：*Caragana rosea*
英名：Red Peashrub

# 红花锦鸡儿

**野外识别要点：**近缘种锦鸡儿(*Caragana sinica*)小叶羽状排列；小叶4，上面1对较大。花黄色带红色，凋谢时褐红色。荚果较红花锦鸡儿的短约1/2。花期4～5月。与本种的区别可以从4小叶的排列一眼看出：一种假掌状排列；另一种羽状排列。

锦鸡儿在北京山区也有，但远不如红花锦鸡儿多见。其花入药，有祛风活血、止咳化痰之功，治头晕耳鸣，肺虚咳嗽，小儿消化不良等；其根入药，有滋补强壮、活血调经，祛风利湿之功，治高血压。

用途：根皮和茎皮入药，有清热燥湿，泻火解毒的功能，治细菌性痢疾、胃肠炎、扁桃腺炎等。

小檗科小檗属灌木。又称三颗针。花期5～6月。
分布于我国东北至华北。北京山区较普遍，生于山沟或山坡。

细叶小檗春季开花，花序大而花多，开花时一片嫩黄色，且其雄蕊有感应性，稍触动时，花丝自动向中心弯曲，很有趣。

形态特征：高1～2m。枝有棱，有3分叉的刺。单叶，常簇生于刺腋；倒披针形或更狭，长达4.5cm，宽达1cm，先端渐尖，基部渐狭形成短柄，边缘全缘或中上部稍有齿。总状花序下垂，长达6cm，有多朵花；萼片6，花瓣状，排成2轮；花瓣倒卵形，黄色，比萼略短，近基部有一对腺体；雄蕊6；子房圆柱形。浆果长圆形，熟时鲜红色。种子1。

木

492

拉丁名：*Berberis poiretii*
英名：Poiret Barberry

# 细叶小檗

小檗科

拉丁名：Berberidaceae　英名：Barberry Family

小檗科中国有11属约300种。

小檗科灌木或草本均有。叶互生或基生；单叶或复叶不一；有些种有托叶。花整齐；萼片、花瓣均为4～6个，离生，排成2～3轮；花瓣有蜜腺或无。雄蕊与花瓣同数对生，或为花瓣数的2倍，花药瓣状开裂或纵裂；心皮1，子房上位，1室，胚珠少或较多。浆果或蒴果。

北方野生种为小檗属和类叶牡丹属。前者均为灌木，北京4种，其特点是枝常有刺，幼枝叶芽常变成刺；花瓣6，黄色，近基部有2腺体；雄蕊6，花药瓣裂；浆果红色。后者为草本，2～3回三出复叶；花黄绿色，花瓣6，小，蜜腺状；雄蕊6；果蒴果状。山野习见种为细叶小檗。

近缘种黄芦木（拉丁名：*Berberis amurensis*）又称大叶小檗。其叶缘有刺状细锯齿，叶椭圆形至卵状椭圆形，可与细叶小檗区别。其根皮、茎皮入药，效用同细叶小檗。

忍冬科忍冬属灌木。花期5～6月。

分布于我国东北、华北至西北地区。北京西部、北部山区皆有，生于山坡林下、沟中山坡下部。

金花忍冬的花初白后黄，果红有观赏价值。宜于引种于公园、庭院或作路边美化植物。

形态特征：高约2m。叶对生；菱状卵形至菱状披针形，长达10cm，先端渐尖。花2朵，总花梗长达3cm；相邻两花的萼筒不相愈合，有腺毛，萼檐有圆齿；花冠初白色后变黄色，二唇形，筒部短于唇瓣；雄蕊5，不外伸；花柱单一。浆果熟时红色。

拉丁名：*Lonicera chrysantha*
英名：Coralline Honeysuckle

# 金花忍冬

北京已大量引种金银木（拉丁名：*Lonicera maackii*）却未见引种金花忍冬，实际上金花忍冬的花和果不亚于金银木。二者区别不大：金花忍冬的花总梗长1.2～3cm，长于叶柄；金银木的花总梗短于叶柄。

金银木

瑞香科荛花属落叶灌木。又称野瑞香。花期6～9月。

分布于我国河北、山西、河南、陕西、甘肃、四川和湖北等地。北京山区海拔100～1000m的干燥山坡上颇多见。

河蒴荛花有芳香气味,有毒,可以驱虫。但注意不要误食。其纤维强韧,民间用做造纸原料。

形态特征:高不过50cm。单叶对生或近对生;叶长圆状披针形,长2～6cm,宽不及1cm;叶柄短;叶全缘。花序顶生或腋生;花被管状,黄色;长1cm,有绢毛;裂片4;雄蕊8;花盘鳞片状。核果卵形。

瑞香科

拉丁名：Thymelaeaceae

英名：Mezereum Family

瑞香科中国有9属约100种。

本科常为木本，少乔木或草本。叶多互生；全缘；无托叶。花序多种；花萼管状呈花瓣状，4～5裂；花瓣无或极小；雄蕊一般8～10，少有2者；生萼管的喉部。常有花盘呈环状、杯状；子房上位，1室，1胚珠。坚果或核果。

北京野生种有狼毒、河蒴荛花。在干燥山地草坡上尚有草瑞香，为一年生小草本，花暗红色。著名花木有瑞香。

虎耳草科溲疏属灌木。花期4～5月。

分布于东北及河北、山西、陕西、甘肃、河南、山东、湖北、四川等地。北京山区中低山地带有分布，生于山地阴坡、山沟较湿润处，常与蚂蚱腿子混生。

大花溲疏花大、优美，早春开花，适合引种栽培于庭院中作观赏花卉。

形态特征：高1～2m。单叶对生；有短叶柄；叶片卵形或卵状披针形，长2～5cm，边缘有细锯齿，上面绿色，疏生星状毛，背面灰白色，也有星状毛。聚伞花序，1～3花生于枝顶；花较大，直径2.5～3cm；花萼裂片5，宽卵形；花瓣5，白色；雄蕊10，花丝上部具2齿，半下位子房，花柱3～5。

拉丁名：*Deutzia grandiflora*
英名：Largeflower Deutzia

# 大花溲疏

虎耳草科

拉丁名：Saxifragaceae　英名：Saxifraga Family

　　虎耳草科中国有27属约400种。

　　本科草本、灌木、小乔木均有，但以草本为多。多单叶，少复叶，叶互生或有对生，无托叶。萼片、花瓣均为4～5，有时萼片花瓣状；雄蕊4～5，或8～10，少更多；心皮2～3，少5，合生，少分离，子房上位或下位，半下位，中轴胎座或侧膜胎座。蒴果或浆果。

　　本科无明显特征与其它科区别。应注意其中的木本植物为溲疏属、山梅花属和绣球属，这3属的叶都是对生的。茶藨子属的叶互生。虎耳草属为草本；叶基生和互生；花瓣5，雄蕊10，心皮2，基部合生。

　　野花著名的有东陵绣球(东陵八仙花)、小花溲疏、太平花；药用植物有红升麻(落新妇)。

　　**野外识别要点**：大花溲疏的花序为聚伞花序；仅有1～3朵花，花较大；萼裂片长5mm；花瓣长1～1.5cm。叶较短小；卵形，长2～5cm，宽1～2cm；下面灰白色。

虎耳草科溲疏属灌木。花期5~6月。

分布于东北及河北、河南等地。北京山区中山地带有分布，生于山地阴坡、山沟较湿润处。

小花溲疏为一种春夏交替季节开花的花灌木，其花单朵或整个花序都十分美丽，近看、远看各自成景。

形态特征：高1~2m。单叶对生；有短叶柄；叶片卵形或稍狭，长达8cm，边缘有细密锯齿，上面绿色，疏生星状毛，毛有数根放射状枝(放大镜下看较明显)，叶下面淡绿色，也有星状毛。伞房状花序，花多数，密集；花萼裂片5，宽卵形；花瓣5，白色；雄蕊10，花丝扁形；子房下位。

拉丁名：*Deutzia parviflora*
英名：Smallflower Deutzia

# 小花溲疏

**野外识别要点**：小花溲疏与太平花的区别：营养期时，注意前者的叶有星状毛，边缘有细密锯齿；后者的叶无星状毛，边缘疏生锯齿。开花期注意前者的花瓣5个，雄蕊10个；后者的花瓣4个，雄蕊多数。

蔷薇科绣线菊属灌木。花期5～6月。

分布于东北、华北及河南、安徽、陕西、甘肃等地。北京山区野生普遍。

三裂绣线菊的叶明显3裂，叶下面无毛而土庄绣线菊的叶菱状卵形，较狭，无明显3裂，且叶下面多柔毛。

**形态特征：**高不过1.5m。叶互生；叶片先端3裂极为明显，故名三裂绣线菊。叶边缘从中部以上有圆钝锯齿，两面无毛；叶柄短。伞形总状花序（即花序初看似伞形，大多数花是从总梗顶生出，但花序基部有1～2花的花梗不从花序梗顶端生出，而是有一点距离，表现出总状的样式）；花小，萼片5；花瓣白色，整齐；雄蕊多数；子房有短柔毛。蓇葖果，萼片直立，宿存。

502

拉丁名：*Spiraea trilobata*
英名：Threelobed Spiraea

# 三裂绣线菊

蔷薇科既有乔木，也有灌木和草本；既有单叶也有复叶；不太好掌握。但有一点尤需记住，它与毛茛科的叶不同，它的叶多是有托叶的。只是托叶有的种类大，有的则小，不太为人注意。但我们在野外观察时，不妨留意一下（少数例外是绣线菊没有托叶），从这一点来分辨蔷薇科与毛茛科不失为简便的好方法。

蔷薇科与木兰科、毛茛科接近的特征是雄蕊多数，离生。蔷薇科有相当多的属种的花有离生心皮，心皮多数。如草莓、委陵菜、水杨梅、悬钩子等等。但蔷薇科比木兰科、毛茛科进化，因为毛茛科的花托柱状至少隆起或平整，蔷薇科的花托成杯状，对雌蕊的保护有利。毛茛科大多无托叶，蔷薇科有托叶。

蔷薇科经济植物特别多：花卉有月季、玫瑰、各种蔷薇、海棠、樱花、梅花等；果树有桃、杏、苹果、梨、枇杷等；药用植物有地榆、仙鹤草等。

**野外识别要点**：绣线菊属北京地区常见有2种，即三裂绣线菊和土庄绣线菊，二者叶片区别明显。此外还有毛花绣线菊（叶片下面及萼片外面有密白绒毛）、绣球绣线菊（伞形花序成绣球状）等。

绣球绣线菊

蔷薇科绣线菊属灌木。花期5～6月。

分布于东北、华北及陕西、甘肃、湖北和安徽等地。北京山区多见，习生于阴坡林下或山沟中。

土庄绣线菊花白色而密，已有移栽于公园作观赏花灌木。

形态特征：高不过1.5m。叶互生；叶片菱状卵形或椭圆形，长达4.5cm，先端急尖，基部宽楔形，中部以上有锯齿，有时偶3浅裂；下面有较密的短柔毛，因而又称柔毛绣线菊。伞形总状花序有总梗；有多花，无毛；花小，花瓣5，白色；雄蕊多数；子房无毛或有短柔毛。蓇葖果开张。

拉丁名：*Spiraea pubescens*
英名：Pubescent Spiraea

# 土庄绣线菊

绣线菊属是蔷薇科原始的属之一。它的5个雌蕊是离生的，正常发育时可形成5个蓇葖果。按进化趋势，心皮是由离生走向合生的。三裂绣线菊花多而密，白色，有观赏价值。已引种于城市公园。

蔷薇科悬钩子属灌木。又称牛迭肚。花期5～7月，果期7～9月。

分布于东北、华北及山东。北京山区普遍。生于山坡、林下、山沟。

山楂叶悬钩子的果实鲜红可食，并有药物作用，有补肝肾、缩小便之功，治尿频、遗尿；其根入药治肝炎、风湿性关节炎。

形态特征：高1～3m。枝有钩状皮刺。单叶互生；宽卵形，较大，3～5掌状浅裂至中裂，边缘有不整齐粗锯齿，下面脉上有小刺；叶柄上有刺。短伞房花序顶生；花白色，花径达1.5cm；萼片反折；花瓣易脱落。雄蕊多数。聚合小核果近球形；熟时鲜红色。

拉丁名: *Rubus crataegifolius*
英名: Hawthornleaf Raspberry

# 山楂叶悬钩子

近缘种: 华北覆盆子(*Rubus idaeus* var. *borealisinensis* ), 羽状复叶, 小叶3~5, 叶下面有白色绒毛。

**故事:** 从前有一家的小孩夜里常尿炕, 大人只好用一盆子放在炕前, 夜里叫醒小孩尿尿。后来用本种草的果实作偏方, 让小孩吃后, 竟然治好了, 不再用尿盆子, 就把盆底朝天扣在院子的角落里。而这种果实治病立了功, 就叫它覆盆子。

豆科锦鸡儿属灌木。又称鬼见愁。花期5~6月。

分布于辽宁、河北、内蒙古、山西、陕西、四川、甘肃、青海等地。北京东灵山、百花山均有，东灵山仅生于海拔2000~2300m的山坡中。几接近顶峰的山坡最为集中，成群落。

鬼箭锦鸡儿是海拔2000m以上山地生长的几种小灌木之一。它的刺多得令人无法接近。但粉白色的蝶形花冠却也鲜嫩可爱。

**形态特征：** 高可达2m。有分枝；树皮近黑色。托叶和叶轴均硬化成刺，刺长而尖；叶多聚生枝上部。羽状复叶：小叶4~6对；长椭圆形或更狭，长达2.5cm，两面疏生柔毛。花单生，长达3.5cm，花梗基部有关节；萼筒状钟形，有柔毛；花较大，淡红或白色，蝶形花冠。荚果呈长椭圆状圆柱形，长达3cm，有密柔毛。

拉丁名：*Caragana jubata*

英名：Ghost-arrow Peashrub

# 鬼箭锦鸡儿

**野外识别要点**：分布局限于高海拔处。全株具硬长刺。花较大，白色。请记住，多刺的小灌木；蝶形花冠。凭这两条就可以识别锦鸡儿属，八九不离十。

**用途**：根入药，可清热散肿、生肌止痛，主治痈疽、疮疖、肿痛，多熬膏外用敷患处。

卫矛科南蛇藤属木质藤本。又称蔓性落霜红。花期5月。

分布于我国东北、华北、西北、华东至西南等地。北京各山区均有分布，生于山坡灌丛中。

**用途:** 本种根、藤、叶、果入药，根、藤有祛瘀活血、消肿止痛作用，果实有镇静安神之功，叶有解毒散瘀之功。

**野外识别要点:** 叶互生，近圆形。成熟果黄色。种子有鲜红色假种皮。

**形态特征:** 枝有皮孔。叶互生；宽椭圆形、倒卵形或几近圆形，长达10cm，先端短渐尖、突尖或急尖，有时圆形，基部宽楔形或圆形，边缘有粗齿；叶柄较短。聚伞花序顶生或腋生，有数花；花黄绿色；雄花萼片、花瓣、雄蕊均为5；雌花似雄花；子房包于杯状花盘内，花柱细长，柱头3裂。蒴果球形，鲜黄色，3裂；种子红褐色，外有鲜红色的假种皮。

拉丁名：*Celastrus orbiculatus*
英名：Oriental Bittersweet

# 南蛇藤

卫矛科

拉丁名：Celastraceae　英名：Stafftree Family

卫矛科中国有12属200多种。

本科为木本或藤本。单叶对生或互生；有托叶，早落。花整齐，淡绿色；萼片4～5，宿存；花瓣4～5；雄蕊4～5；生花盘边缘或下部，花盘肉质；子房上位，与花盘分离或贴生，1～5室，每室1～2胚珠。蒴果、浆果、核果、翅果。种子有假种皮。

本科北方仅卫矛属和南蛇藤属2属，这2属的主要特征是：叶对生或互生，花4～5基数，有花盘。蒴果；种子有红色的假种皮。

野生植物有卫矛、南蛇藤。

南蛇藤花小，无观赏价值，但成熟果实黄色，种子有鲜红色假种皮很美，因此已被引种驯化为园林观赏植物。

**野外识别要点:** 叶较粗糙厚质。花序圆锥形。果熟时蓝黑色。茎的中心呈黄色。

葡萄科葡萄属木质藤本。花期6月。

分布于我国东北、华北至山东等地。北京山区多见,生于山沟、山坡或林下。

山葡萄在东北称为阿穆尔葡萄。其果味酸甜,有浆汁,可生食。用之造红葡萄酒,酒色深红美丽,品质甚佳。东北产的通化葡萄酒即以此种为原料制成,享誉国内外。

**形态特征:** 幼枝红色,有卷须并2~3分枝。叶互生;较大,宽卵形,长达25cm,宽达20cm,基部宽心形,3~5浅裂或不裂,有粗齿;下面淡绿色;沿脉有短毛;叶柄较长。圆锥花序与叶对生,长达12cm;花小,雌雄异株;黄绿色;雄花有5雄蕊;雌花有5个退化雄蕊;子房球形。浆果球形,径约1cm;熟时蓝黑色。

拉丁名: *Vitis amurensis*

英名: Amur Grape

# 山葡萄

葡萄科

**拉丁名**: Vitaceae  **英名**: Grape Family

葡萄科中国有8属100多种。

本科主要为木质或草质藤本，有时直立。有卷须。叶互生；单叶或复叶；有托叶或缺。聚伞花序、伞房花序或圆锥花序，与叶对生；花小，两性或单性；萼片4～5，花瓣4～5；雄蕊4～5，与花瓣对生；心皮2合生，2室，每室胚珠1～2，柱头多样。浆果。

本科北京习见野生种为山葡萄、乌头叶蛇葡萄、葎叶蛇葡萄、白蔹等。栽培种有葡萄、爬山虎、五叶爬山虎等。

野外识别要分清葡萄属与蛇葡萄属。前者的茎髓心黄色，花瓣5，顶端粘合，成帽状脱落；圆锥花序。后者茎髓心白色，花瓣5，不成帽状脱落；聚伞花序。

葎叶蛇葡萄

杜鹃花科杜鹃花属灌木。花期5～7月。

分布于东北、华北，南至湖北、河南、山东等地。北京各山区多见，生于海拔500m以上林下、山坡及山崖边上。

照山白是北方可见到的杜鹃花科植物之一。它的花小，洁白，生长在有一定海拔高度的山坡上，花期较迎红杜鹃晚些，于春末至初夏开花。

**形态特征**：高不过2m。叶多聚生枝端；厚革质；椭圆状长圆形或倒披针形，较小，长不超过3.5cm，背面密生垢鳞，铁锈色；叶柄极短。总状花序顶生；花密集，小，白色；花冠钟状，直径仅1cm，5裂；雄蕊10，外伸。蒴果柱状。

拉丁名：*Rhododendron micranthum*
英名：Whited-hill Azalea

# 照山白

杜鹃花科

拉丁名：Ericaceae　英名：Heath Family

　　杜鹃花科中国有20属700多种。

　　本科全为木本。单叶互生，少对生、轮生；无托叶。花整齐；花序各种；花萼4～5裂；花冠合瓣，4～5裂。雄蕊为花冠裂片的2倍或同数；花药孔裂；子房上位至下位，2～5室，每室多胚珠。蒴果、浆果、核果。种子多数。

　　本科有世界著名花卉杜鹃花，多达数百种。北京野生2种：照山白和迎红杜鹃。

用途：照山白幼叶有剧毒，枝叶入药，有祛风通络、调经止痛的作用，治慢性支气管炎、风湿痹痛、腰痛。

野外识别要点：半常绿灌木。生中山以上山坡。叶长圆形，革质，下面铁锈色。花白色，小，组成总状花序。

忍冬科荚蒾属灌木。又称天目琼花。花期5~6月。

分布于东北、华北和西北。北京各山区有生长，生于海拔1000m以上的山沟阴湿处或山坡林中。

鸡树条荚蒾的花序类似于东陵八仙花的花序，也是花有分工，边缘花吸引昆虫但不繁育，中央小花可以在传粉后结实。鸡树条荚蒾的果红艳，也富观赏价值，且果实可食。

北京有的公园已引种作为绿化观赏花木。

形态特征：叶对生；卵形或稍长，掌状3裂，上部叶稍窄；托叶2，有2~4腺体。由聚伞花序组成复伞形花序，呈圆盘形，边缘有多数白色的不育花；中央又小又多的为能育花，花冠乳白色，呈辐射状；雄蕊5。核果近球形，熟时红色。

拉丁名：*Viburnum sargentii*

英名：Sargent Arrowhood

# 鸡树条荚蒾

忍冬科

拉丁名：Caprifoliaceae  英名：Honeysuckle Family

忍冬科中国有12属200多种。

忍冬科多为灌木，少小乔木，极少为草本。重要特征是叶对生；单叶或羽状复叶；无托叶。花序多为聚伞花序；花萼5裂或3～4裂；花冠4～5裂，有时呈唇形花冠；雄蕊4～5；子房下位。果实为浆果、核果或蒴果。

本科多为灌木。叶对生。子房下位。果为浆果。忍冬属为本科最大的属，中国有100种。

忍冬科有著名花木金银木、锦带花、鸡树条荚蒾、绣球荚蒾、琼花(又称聚八仙)；著名药用植物金银花。

**用途：** 刺五加的根皮入药称五加皮，有祛风湿强筋骨的效能。可用于慢性关节炎、风湿性腰痛等症。刺五加的嫩芽和幼叶，用开水烫过、清水漂洗后，可以炒食或作汤吃，味清香可口。

五加科刺五加属一年生灌木。花期6～7月。

分布于东北及河北、山西等地。北京山区海拔700m以上的山沟阴湿林中均见。

刺五加在古代即知名。在《神农本草经》中被列为上品。《曲池医案》中称刺五加为安老药。书中所列治老年病药方中都有刺五加。

现代医药家研究，刺五加在抗疲劳中有比人参更好的"适应样"作用。适应样就是能使机体处于"增强非特异性防御能力状态"。这种适应

**形态特征：** 枝多刺，刺针状。掌状复叶有5小叶，偶3小叶；叶柄疏生细刺；小叶椭圆倒卵形或长圆形，叶缘有重锯齿。伞形花序单个顶生，或2～多个组成圆锥形花序；花紫黄色；花瓣5；雄蕊5。果实球形或卵球形，有5棱，黑色。

拉丁名：*Acanthopanax senticosus*
英名：Manyprickle Acanthopanax

# 刺五加

能增强机体对有害刺激因素的应激能力，如减轻物理性寒冷、灼热、过重、过度运动等的伤害。能兴奋呼吸抗压，增加供氧量，对生活在高山高原上的人效果显著。美国的宇航员在太空飞行中，就随身携带有刺五加。

**五加科**

拉丁名：Araliaceae　英名：Ginseng Family

　　五加科中国有22属160多种。

　　本科多为灌木或木质藤本，少草本。有刺或无。叶多互生；单叶、掌状复叶或羽状复叶；托叶与叶柄基部合成鞘状。花整齐；花序多种；萼筒与子房合生，边缘呈波状或有齿；花瓣5或10个，离生，有时合生成帽状；雄蕊与花瓣同数，互生，生花盘边缘；子房下位，2～15室，每室1胚珠，上位花花盘肉质。核果或浆果，外果皮肉质；内果皮骨质、膜质或肉质；种子扁。

　　北京山区习见种有刺五加、无梗五加；不太多见的野生种有东北土当归、辽东楤木、楤木。

519

虎耳草科山梅花属灌木。花期5～6月。

分布于河北、山西、河南、江苏、浙江、四川等地。北京各山区多见，生于山地阴坡林下或山沟湿润处。常见有栽培。

用途：太平花花色洁白，略有香气，富观赏价值。公园有引种栽培。

形态特征：高2m左右。叶对生；卵形至狭卵形，长可达8cm，边缘疏生锯齿，有3条主脉，下面淡绿色，主脉腋有簇毛；叶柄短。总状花序有5～9花；花白色，径达3cm；萼裂片4；花瓣4；雄蕊多数；子房半下位。蒴果，4瓣裂。种子多数。

拉丁名：*Philadelphus pekinensis*
英名：Beijing Mockorange

# 太平花

相传宋仁宗时，有人从四川青城山移太平花献至京师汴梁，仁宗赐名太平瑞圣花，此为太平花名的来由。宋代杨巽斋作《醉太平花》诗云："紫芝奇树谩前闻，未茗此花叶气薰。种向春台岂无象，望中秀色似卿云。"

**野外识别要点**：叶对生，无毛。花瓣4，白色。雄蕊多数。

金露梅

蔷薇科委陵菜属矮灌木。花期6～8月。

分布于华北及陕西、甘肃、青海、湖北、四川、云南等地。北京有分布，生于海拔1900～2300m亚高山山顶流石滩上。

在海拔2100m以上，亚高山草甸上方是一片土少、石多的流石滩。这里由于山顶风大，土壤多不能积存下来。在山顶上生长的植物一般都是把根扎在岩石缝中的，银露梅就是能在山顶上生长的一种小灌木。从花的外形上，可以看出它是蔷薇科的种类。

形态特征：高不及1m。奇数羽状复叶；小叶3～5个，偶仅1个，椭圆形或倒卵圆形，长宽均不及1cm；两面有疏柔毛或无毛。花单生枝端；有花梗，直径1.5～2.5cm；副萼片卵形或较狭，萼片长卵形；花瓣白色，倒卵圆形，长于萼；雄蕊多数。瘦果有毛。

拉丁名：*Potentilla glabra*
英名：Glabrous Cinquefoil

# 银露梅

金露梅

金露梅

**野外识别要点**：花瓣5，白色，有副萼片。委陵菜属内大多为草本植物，银露梅为灌木，是本属中原始的种。

近缘种金露梅（拉丁名：*Potentilla fruticosa*）花金黄色。

木犀科丁香属小乔木。花期6～7月。

分布于华北及河南等地。北京各山区均有，多见于山地林中和山沟湿处。

北京丁香已成功地引种栽培为园林植物，它们于早春4月开花，在城市绿化中发挥着美化、香化的作用。深山里的北京丁香，由于山区环境温度稍低，花期比城里要稍晚一些。

形态特征：高不过5m。叶对生；卵形至卵状披针形，长达10cm，全缘；两面无毛。圆锥花序，花密集；黄白色，香气很浓；花冠管较短，裂片4；雄蕊2，与花冠裂片约同长。蒴果长圆形，先端尖，有小瘤或光滑。

拉丁名：*Syringa pekinensis*
英名：Beijing Lilac

# 北京丁香

**野外识别要点**：小乔木。叶两面无毛。花初开时有浓刺鼻气味，花白色不久变为带黄色。雄蕊长未达花冠的2倍。

**近缘种**：暴马丁香(拉丁名：*Syringa reticulata* var. *amurensis*)与北京丁香近似，仅雄蕊高出花冠2倍，但这两种实不好分。

# 中文名索引

# 拉丁名索引

# 植物形态描述专业术语图示

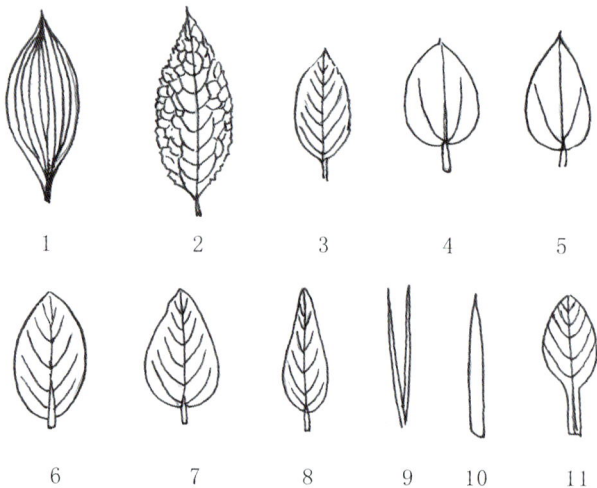

1.弧形脉　2.网状脉　3.羽状脉　4.三出脉
5.离基三出脉　6.椭圆形叶　7.卵形叶　8.披针形叶
9.针形叶　10.条形叶　11.匙形叶

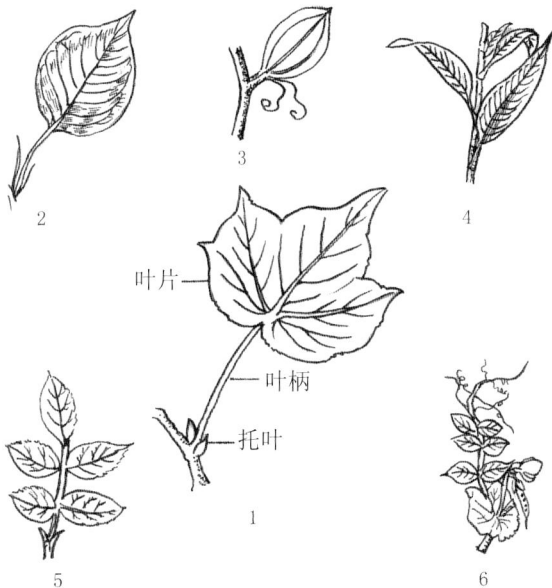

叶片

叶柄

托叶

2

3

4

1

5

6

1.完全叶　2.托叶与叶柄分离　3.卷须状托叶　4.鞘状托叶
5.托叶与叶柄基部结合　6.叶状托叶

1　　　　　2　　　　　3　　　　　4

5　　　　6　　　　7　　　　8

9　　　　　10　　　　　11

1.叶基生　2.叶互生　3.叶对生　4.叶轮生　5.奇数羽状复叶
6.偶数羽状复叶　7.羽状三出复叶　8.叶簇生
9.二回奇数羽状复叶　10.二回偶数羽状复叶　11.掌状复叶

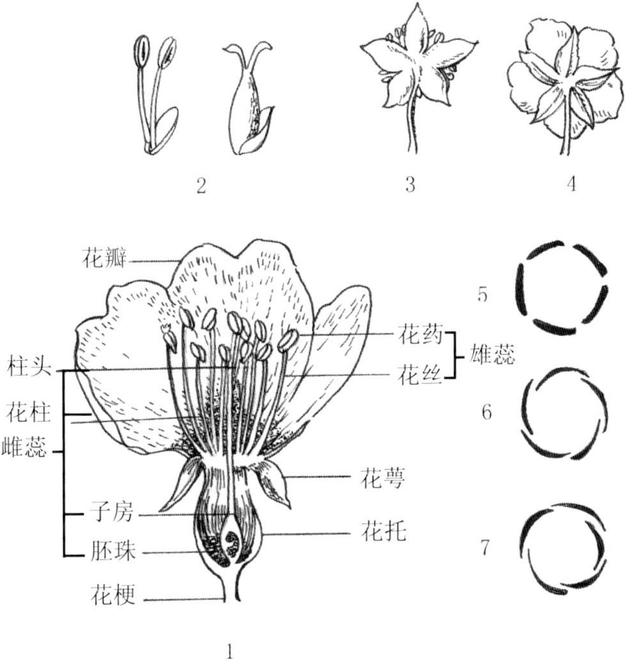

2      3      4

花瓣

柱头
花柱
雌蕊

子房
胚珠
花梗

花药
花丝  雄蕊

花萼
花托

5

6

7

1

1. 完全花   2. 裸花   3. 单被花   4. 双被花   5. 花瓣镊合状排列
6. 花瓣螺旋状排列   7. 花瓣覆瓦状排列

1    2    3    4

5        6

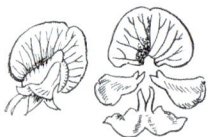

7        8

1.钟形花冠　2.蔷薇花冠　3.管状花冠
4.舌状花冠　5.十字形花冠　6.唇形花冠
7.蝶形花冠　8.喇叭形花冠

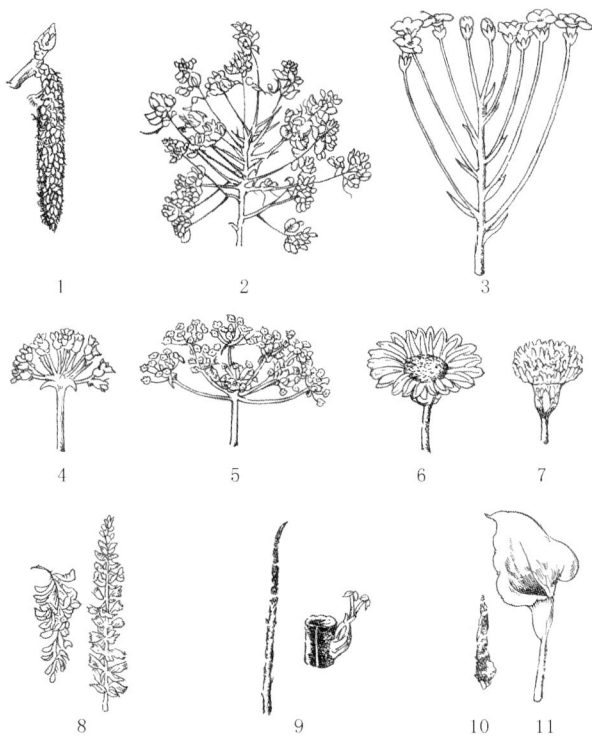

1.柔荑花序　2.圆锥花序　3.伞房花序　4.伞形花序
5.复伞形花序　6、7.头状花序　8.总状花序
9.穗状花序　10.肉穗花序　11.佛炎苞

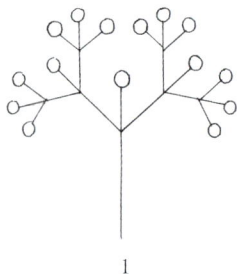

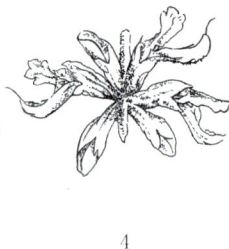

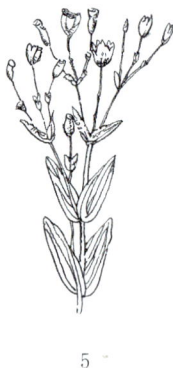

1. 二歧聚伞花序　2. 单歧聚伞花序　3. 轮伞花序
4. 轮伞花序一节　5. 聚伞状伞形花序